国家职业技能等级认定培训教材
高 技 能 人 才 培 养 用 书
新形态职业技能鉴定指导教材

车工（技师、高级技师）

国家职业技能等级认定培训教材编审委员会　组编
　主　编　徐　彬
　副主编　徐　斌
　参　编　张　斌　袁　静　葛嫣雯　张玉东
　主　审　金福昌

机械工业出版社
CHINA MACHINE PRESS

本书按照新的《国家职业技能标准 车工》编写，主要内容包括轴类工件加工，套类工件加工，螺纹加工，畸形工件和薄板类工件加工，新型刀具及现代先进加工技术，车床精度检测、故障分析与排除，技术报告与作业指导。机械加工部分每章配有技能训练，书末附有配套的模拟试卷样例和答案，以便于企业培训和读者自测。本书配套多媒体资源，可通过封底"天工讲堂"刮刮卡获取。

本书既可作为各级职业技能鉴定培训机构、企业培训部门的培训教材，又可作为读者的考前复习用书，还可作为职业技术院校、技工院校的专业课教材。

图书在版编目（CIP）数据

车工：技师、高级技师/徐彬主编. —北京：机械工业出版社，2020.6

新形态职业技能鉴定指导教材 高技能人才培养用书

ISBN 978-7-111-65259-5

Ⅰ.①车… Ⅱ.①徐… Ⅲ.①车削-职业技能-鉴定-教材 Ⅳ.①TG51

中国版本图书馆 CIP 数据核字（2020）第 056012 号

机械工业出版社（北京市百万庄大街 22 号 邮政编码 100037）
策划编辑：王晓洁 责任编辑：王晓洁 王海霞
责任校对：张 薇 责任印制：张 博
北京玥实印刷有限公司印刷
2022 年 1 月第 1 版第 1 次印刷
184mm×260mm · 11.75 印张 · 240 千字
0001—3000 册
标准书号：ISBN 978-7-111-65259-5
定价：49.80 元

电话服务 网络服务
客服电话：010-88361066 机 工 官 网：www.cmpbook.com
010-88379833 机 工 官 博：weibo.com/cmp1952
010-68326294 金 书 网：www.golden-book.com
封底无防伪标均为盗版 机工教育服务网：www.cmpedu.com

国家职业技能等级认定培训教材编审委员会

主　任　李　奇　荣庆华

副主任　姚春生　林　松　苗长建　尹子文　周培植　贾恒旦
　　　　　孟祥忍　王　森　汪　俊　费维东　邵泽东　王琪冰
　　　　　李双琦　林　飞　林战国

委　员（按姓氏笔画排序）
　　　　　于传功　王　新　王兆晶　王宏鑫　王荣兰　卞良勇
　　　　　邓海平　卢志林　朱在勤　刘　涛　纪　玮　李祥睿
　　　　　李援瑛　吴　雷　宋传平　张婷婷　陈玉芝　陈志炎
　　　　　陈洪华　季　飞　周　润　周爱东　胡家富　施红星
　　　　　祖国海　费伯平　徐　彬　徐丕兵　唐建华　阎　伟
　　　　　董　魁　臧联防　薛党辰　鞠　刚

序

新中国成立以来,技术工人队伍建设一直得到了党和政府的高度重视。20世纪五六十年代,我们借鉴苏联经验建立了技能人才的"八级工"制,培养了一大批身怀绝技的"大师"与"大工匠"。"八级工"不仅待遇高,而且深受社会尊重,成为那个时代的骄傲,吸引与带动了一批批青年技能人才锲而不舍地钻研技术、攀登高峰。

进入新时期,高技能人才发展上升为兴企强国的国家战略。从2003年全国第一次人才工作会议,明确提出高技能人才是国家人才队伍的重要组成部分,到2010年颁布实施《国家中长期人才发展规划纲要(2010—2020年)》,加快高技能人才队伍建设与发展成为举国的意志与战略之一。

习近平总书记强调,劳动者素质对一个国家、一个民族发展至关重要。技术工人队伍是支撑中国制造、中国创造的重要基础,对推动经济高质量发展具有重要作用。党的十八大以来,党中央、国务院健全技能人才培养、使用、评价、激励制度,大力发展技工教育,大规模开展职业技能培训,加快培养大批高素质劳动者和技术技能人才,使更多社会需要的技能人才、大国工匠不断涌现,推动形成了广大劳动者学习技能、报效国家的浓厚氛围。

2019年国务院办公厅印发了《职业技能提升行动方案(2019—2021年)》,目标任务是2019年至2021年,持续开展职业技能提升行动,提高培训针对性实效性,全面提升劳动者职业技能水平和就业创业能力。三年共开展各类补贴性职业技能培训5000万人次以上,其中2019年培训1500万人次以上;经过努力,到2021年底技能劳动者占就业人员总量的比例达到25%以上,高技能人才占技能劳动者的比例达到30%以上。

目前,我国技术工人(技能劳动者)已超过2亿人,其中高技能人才超过5000万人,在全面建成小康社会、新兴战略产业不断发展的今天,建设高技能人才队伍的任务十分重要。

机械工业出版社一直致力于技能人才培训用书的出版,先后出版了一系列具有行业影响力、深受企业、读者欢迎的教材。欣闻配合新的《国家职业技能标准》又编写了"国家职业技能等级认定培训教材"。这套教材由全国各地技能培训和考评专家编写,具有权威性和代表性;将理论与技能有机结合,并紧紧围绕《国家职业技能标准》的知识要求和技能要求编写,实用性、针对性强,既有必备的理论知识和技能知识,又有考核鉴定的理论和技能题库及答案;而且这套教材根据需要为部分教材配备了二维码,扫描书中的二维码便可观看相应资源;这套教材还配合天工讲堂开设了在线课程、在线题库,配套齐全,编排科学,便于培训和检测。

这套教材的出版非常及时,为培养技能型人才做了一件大好事,我相信这套教材一定会为我国培养更多更好的高素质技术技能型人才做出贡献!

中华全国总工会副主席
高凤林

前　　言

目前，取得职业技能等级证书已经成为劳动者就业上岗的必备条件，也是对劳动者职业能力的客观评价。取得职业技能等级证书不仅是广大从业人员、待岗人员的迫切需要，而且已经成为各级各类普通教育院校、职业学院、技工院校毕业生追求的目标。

2019年1月，新的《国家职业技能标准　车工》实施，对车工提出了新的要求。为此，我们组织专家、学者、高级考评员，根据最新的国家职业技能标准，编写了车工培训教材，本书是技师、高级技师培训教材。本书有以下主要特点：

1）以现行国家职业技能标准为依据，以职业技能等级认定要求为尺度，以满足本职业对从业人员的要求为目标，对国家职业技能标准中要求的技能和有关知识进行了详细的介绍。

2）以岗位技能需求为出发点，按照"模块式"教材编写思路确定教材的核心技能模块，以此为基础，构建每一个技能训练项目所需掌握的相关知识、技能训练、模拟考试等结构体系。

本书由徐彬任主编，徐斌任副主编，张斌、袁静、葛嫣雯、张玉东参加编写。全书由金福昌主审。

由于编写时间有限，书中难免存在一些缺点和不足之处，恳请读者批评指正。

编　者

目　录

序
前言

项目1　轴类工件加工 ·· 1
  1.1　车床主轴加工 ·· 1
    1.1.1　工艺准备 ·· 2
    1.1.2　主轴加工工艺过程 ·· 4
    1.1.3　精度检测与误差分析 ··· 10
    1.1.4　技能训练——蜗杆轴的加工 ··· 20
  1.2　偏心工件加工 ··· 23
    1.2.1　工艺准备 ··· 24
    1.2.2　双偏心工件的加工 ·· 24
    1.2.3　三个偏心距相等的偏心工件的加工 ······································· 27
    1.2.4　多孔偏心工件的加工 ··· 33
  1.3　六拐曲轴加工 ··· 38
    1.3.1　工艺准备 ··· 38
    1.3.2　六拐曲轴加工工艺过程 ·· 38
    1.3.3　防止曲轴加工时变形的方法 ··· 44
    1.3.4　曲轴的车削 ·· 44
    1.3.5　精度检测与误差分析 ··· 45
    1.3.6　技能训练——六拐曲轴的加工 ·· 50
  1.4　数控车床 CAD/CAM 软件编程 ·· 58
    1.4.1　CAD/CAM 软件介绍 ·· 58
    1.4.2　CAD/CAM 编程 ·· 62
    1.4.3　车铣复合 CAD/CAM 编程* ·· 71

项目2　套类工件加工 ·· 73
  2.1　多件套类工件加工 ·· 73
    2.1.1　工艺准备 ··· 73
    2.1.2　多件套类工件加工实例 ·· 74

* 为高级技师（一级）内容。

目录

　　2.1.3　精度检测与误差分析 ………………………………………………………… 80
　2.2　非铁金属薄壁工件加工* ………………………………………………………………… 80
　　2.2.1　工艺准备 ……………………………………………………………………… 80
　　2.2.2　薄壁套类工件加工 …………………………………………………………… 81
　　2.2.3　精度检测与误差分析 ………………………………………………………… 84
　2.3　技能训练——滑动轴承套的加工 ……………………………………………………… 87

项目3　螺纹加工 ………………………………………………………………………………… 89
　3.1　平面螺纹加工 …………………………………………………………………………… 89
　　3.1.1　平面螺纹加工原理 …………………………………………………………… 89
　　3.1.2　平面螺纹加工实例 …………………………………………………………… 89
　3.2　变螺距螺纹加工* ………………………………………………………………………… 93
　　3.2.1　变螺距螺纹的特点及加工原理 ……………………………………………… 93
　　3.2.2　变螺距螺纹的加工方法 ……………………………………………………… 93
　3.3　蜗杆加工* ………………………………………………………………………………… 95
　　3.3.1　大模数蜗杆加工 ……………………………………………………………… 95
　　3.3.2　变齿厚蜗杆加工 ……………………………………………………………… 97
　3.4　技能训练——四头蜗杆的车削 ………………………………………………………… 103

项目4　畸形工件和薄板类工件加工 …………………………………………………………… 106
　4.1　畸形工件加工 …………………………………………………………………………… 106
　　4.1.1　畸形工件的加工工艺 ………………………………………………………… 106
　　4.1.2　畸形工件加工实例 …………………………………………………………… 108
　4.2　薄板类工件加工* ………………………………………………………………………… 112
　　4.2.1　薄板类工件的装夹方法 ……………………………………………………… 112
　　4.2.2　防止薄板类工件夹紧变形的方法 …………………………………………… 114
　　4.2.3　加工薄板类工件时精车刀的选择 …………………………………………… 115
　　4.2.4　加工薄板类工件时防止振动和热变形的方法 ……………………………… 115
　4.3　技能训练——齿轮泵泵体的加工 ……………………………………………………… 116

项目5　新型刀具及现代先进加工技术 ………………………………………………………… 120
　5.1　新型刀具 ………………………………………………………………………………… 120
　　5.1.1　新型刀具材料 ………………………………………………………………… 121
　　5.1.2　陶瓷刀具 ……………………………………………………………………… 123
　5.2　难加工材料车削* ………………………………………………………………………… 124
　　5.2.1　高锰钢加工 …………………………………………………………………… 125
　　5.2.2　不锈钢加工 …………………………………………………………………… 126
　　5.2.3　高温合金加工* ………………………………………………………………… 128
　5.3　成形车刀简介 …………………………………………………………………………… 131

5.3.1	成形车刀的特点和种类	131
5.3.2	成形车刀的几何角度	132
5.3.3	成形车刀的设计与制造*	135
5.4	现代先进加工技术*	139
5.4.1	精密加工	139
5.4.2	纳米加工	139
5.4.3	激光加工	140
5.4.4	高速切削	142

项目 6　车床精度检测、故障分析与排除　144

6.1　车床精度检测　144
  6.1.1　车床几何精度检测　144
  6.1.2　车床工作精度检测　150
6.2　车床精度对加工质量的影响　152
6.3　车床试运转验收与精度试验*　155
  6.3.1　阅读机床说明书　155
  6.3.2　车床试运转验收　155
6.4　数控车床常见报警信息的诊断与排除　159
  6.4.1　SINUMERIC 840C 系统常见报警及处理　159
  6.4.2　FANUC-0i 系统常见报警及处理　160

项目 7　技术报告与作业指导　165

7.1　技术报告的编写　165
  7.1.1　技术报告的主要内容　165
  7.1.2　技术报告的一般格式　166
7.2　作业指导　166
  7.2.1　作业指导讲义编撰的基本知识　166
  7.2.2　作业指导必备专业知识　169

附录　车工（技师、高级技师）理论知识模拟试卷样例　172

车工（技师、高级技师）理论知识模拟试卷样例参考答案　177

项目 1 轴类工件加工

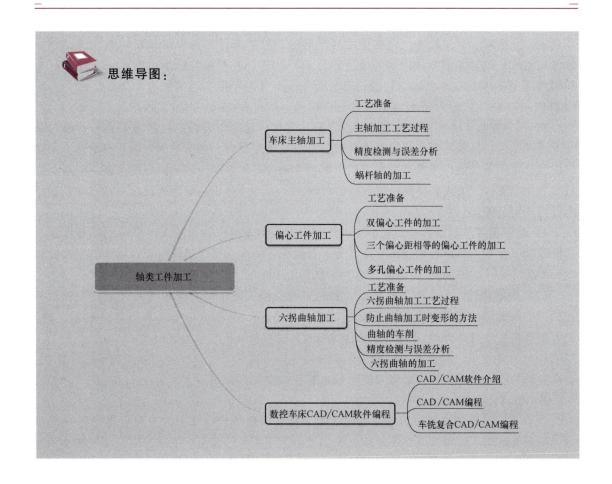

1.1 车床主轴加工

轴类工件是指长径比（L/d）大于 3 的回转体工件，按其结构形状的特点可分为光滑轴、阶梯轴、空心轴和异形轴（包括曲轴、凸轮轴和偏心轴等）四大类。按轴的长度和直径之比（长径比）来分，又可分为刚性轴（$L/d \leq 12$）和挠性轴（$L/d > 12$）两类。

机床主轴一般为精密主轴，它的功用为支承传动件（如齿轮、带轮、凸轮等）、传递转矩，除承受交变弯曲应力和扭应力外，还受冲击载荷作用。因此，为了满足其使用性能，要求主轴有较好的综合力学性能，以保证装在主轴上的工件或切削工具（如刀具、钻头、砂轮等）具有较高的回转精度。

1.1.1 工艺准备

1. 主轴的主要技术要求

主轴的技术要求是根据其功用和工作条件制订的，通常有以下几方面要求。

（1）加工精度　轴的加工精度主要包括结构要素的尺寸精度、几何形状精度和位置精度。

1）尺寸精度。主要是指结构要素的直径和长度的精度。直径精度由使用要求和配合性质确定，一般对于直径尺寸，通常规定有严格的公差要求，如套齿轮和装轴承（滚动轴承或滑动轴承）的轴颈的直径公差等级通常为IT5～IT7，必要时与轴承内圈孔径的单边配合间隙要求为0.002～0.005mm。轴的长度精度一般不是很严格，通常按未注公差尺寸（一般为IT12～IT14）加工，要求较高时，其允许偏差一般在0.05～0.2mm范围内。

2）形状精度。主要是指轴颈的圆度、圆柱度等，这是因为轴的形状误差直接影响与其相配合的工件的接触质量和回转精度。例如，与轴承配合时，由于轴承内圈是薄壁件，主轴颈的圆柱度误差将使内圈滚道变形，从而影响主轴的回转精度，因此圆柱度公差一般限制在直径公差范围内；要求较高时可取直径公差的1/4～1/2。对于高精度的机床主轴，应在图样上标注几何公差。

3）位置精度。包括各外圆表面、内外圆锥面相对于装配轴承的支承轴颈的同轴度、径向圆跳动以及端面对旋转轴线的垂直度等。普通精度的轴，配合轴颈对支承轴颈的径向圆跳动一般为0.01～0.03mm；高精度的轴为0.005～0.01mm。

（2）表面粗糙度　主轴主要工作表面的表面粗糙度值是根据其转速和尺寸公差等级决定的。支承轴颈的表面粗糙度值一般为$Ra0.2～0.8\mu m$；高精度主轴（如磨床砂轮架主轴）的表面粗糙度值可达$Ra0.025\mu m$；配合轴颈的表面粗糙度值一般为$Ra0.8～3.2\mu m$。

（3）其他要求　合理选用材料和规定的相应热处理要求，与改善主轴的切削加工性能，提高主轴的综合力学性能、强度和使用寿命有着重要关系。

2. 主轴的加工工艺方法

（1）定位基准的选择　为保证主轴的加工精度，选择定位基准时应尽可能遵循基准重合原则和基准统一原则，并在一次装夹中加工出尽可能多的表面。主轴的定位基准最常用的是两端中心孔，因轴类工件的主要位置精度指标是各回转表面的同轴度，这些表面的设计基准一般为轴线，所以使用中心孔做定位基准进行装夹，符合基准重合原则；同时在许多工序中重复使用，又符合基准统一原则。但机床主轴往往是空心轴，中心孔会随着深孔加工而消失，因此，应重新建立外圆加工的基准面，一般有以下两种方法：

1）当中心通孔直径较小时，可直接在孔口车出宽度不大于2mm、表面粗糙度值为$Ra1.6\mu m$的60°工艺圆锥面来代替中心孔。

2）当孔为锥度较小（如莫氏锥度）的圆锥孔时，可配用工艺锥度定位头上的中心孔定位；若孔的锥度较大（如铣床主轴上的7:24锥孔），则可采用拉杆心轴上的中心孔定位。

粗加工时，为了提高工件的装夹刚性，一般将外圆表面和中心孔共同作为定位基准，即采用一夹一顶的装夹方式。钻孔和粗加工孔时，以两端外圆表面为定位基准，用卡盘夹住一端外圆，用中心架托住另一端外圆；精磨圆锥孔时，选择主轴的装配基准——前、后支承轴颈作为定位基准。

（2）毛坯的选择　机床主轴毛坯种类一般有棒料和锻件两种。对于外圆直径相差不大的台阶轴，在单件小批生产时，毛坯常选用热轧棒料；对于直径相差较大的台阶轴，为了节约材料和减少机械加工劳动量，则往往采用锻件。精密机床主轴虽然是外圆直径相差不大的台阶轴，但也采用锻件，因为经过锻造后，材料的金属金相组织致密，在热锻过程中按轴向排列，从而可获得较高的抗拉、抗弯和抗扭强度。少数结构复杂的大型轴毛坯也采用铸钢件。

（3）热处理的安排　在机床主轴加工中，热处理工序的安排，一是根据轴的技术要求，通过热处理保证其力学性能；二是按照主轴的要求，通过热处理来改善材料的加工性能。热处理工序的安排对主轴的加工工艺影响较大，更重要的是会因热处理工序安排颠倒而使工件无法继续加工，最终产生废品，这往往是无法挽回的。因此热处理工序是主轴加工工艺中的重要工序，它包括：

1）毛坯热处理。主轴锻造后要进行正火或退火处理，以消除锻造内应力，改善金相组织、细化晶粒、降低硬度，改善切削加工性能。

2）预备热处理。通常采用调质或正火处理，安排在粗加工之后进行，以得到均匀细密的回火索氏体组织，使主轴既可获得一定的硬度和强度，又有良好的冲击韧度，同时也可以消除粗加工应力。精密主轴经调质处理后，需要切割试样做金相组织检查。

3）最终热处理。一般安排在粗磨前进行，目的是提高主轴表面硬度，并在保持心部韧性的同时，使主轴颈或工作表面获得高的耐磨性和抗疲劳性，以保证主轴的工作精度和使用寿命。最终热处理的方法有局部加热淬火后回火、渗碳淬火和渗氮等，具体应根据材料而定。渗碳淬火后还需要进行低温回火处理，对不需要渗碳的部位可以镀铜保护或预留加工余量后再去碳层。

4）定性处理。对于精度要求很高的主轴，在淬火、回火后或粗磨工序后，还需要进行定性处理。定性处理的方法有低温人工时效和冷处理等，目的是消除淬火应力或加工应力，促使残留奥氏体转变为马氏体，稳定金相组织，从而提高主轴的尺寸稳定性，使其长期保持精度。

（4）加工阶段划分　机床主轴的机械加工工艺过程一般可划分为下列三个阶段：

1）粗加工阶段。所能达到的精度和表面质量都比较低的加工阶段，主要目的是切除各加工表面上大量的加工余量，把毛坯加工到使工件的形状和尺寸接近图样要求，为半精加工找出定位基准（如钻出两端中心孔）。此阶段主要是毛坯热处理、粗车外圆等工序。在粗车过程中，能及时发现毛坯的缺陷（如在锻造过程中产生的裂纹、杂质等），采取相应的工艺措施。

2）半精加工阶段。介于粗加工和精加工之间的切削阶段，目的是将要求不高的表面加工到图样要求；为重要表面的精加工做准备，留出一定余量，并加工出精基准。

3）精加工阶段。一般精度的主轴是以精磨为最终工序。对于精密机床主轴，还应进行光整加工（如超精磨），以获得较小的表面粗糙度值，有时也为了达到更高的尺寸精度和配合要求。

（5）加工顺序的安排　安排的加工顺序应能使各工序和整个工艺过程最经济合理。按照粗精分开、先粗后精的原则，各表面的加工应按由粗到精的顺序按加工阶段进行安排，逐步提高各表面的精度和减小其表面粗糙度值。同时还应考虑以下几点：

1) 深孔加工应安排在外圆粗车之后。这样可以有一个较精确的外圆来定位加工深孔，有利于保证深孔加工的壁厚均匀；而在外圆粗加工中，又能以深孔钻出前的中心孔为统一基准。

2) 各次要表面，如螺纹、键槽及螺孔的加工（在淬火表面上的除外）应安排在热处理后、粗磨前或粗磨后。这样可以较好地保证其相互位置精度，又不致碰伤重要的精加工表面。

3) 外圆精磨加工应安排在内锥孔精磨之前。这是因为以外圆定位精磨内锥孔更容易保证它们之间的相互位置精度。

4) 各工序定位基准面的加工应安排在该工序之前进行。这样可以保证各工序的定位精度，使各工序的加工达到规定的技术要求。

5) 对于精密主轴，更要严格按照粗精分开、先粗后精的原则，而且各阶段的工序还要细分。

(6) 机床主轴的加工工艺路线

1) 一般主轴的加工工艺路线：下料→锻造→退火（或正火）→粗加工→调质→半精加工→淬火→粗磨→低温时效→精磨。

2) 渗碳主轴的加工工艺路线：下料→锻造→正火→粗加工→半精加工→渗碳→去碳加工（对不需要提高硬度部分）→淬火→车螺纹、钻孔或铣槽→粗磨→低温时效→半精磨→低温时效→精磨。

3) 氮化主轴的加工工艺路线：下料→锻造→退火→粗加工→调质→切试样件（金相组织检查，合格后才能转入下道工序）→半精加工→低温时效（去除应力）→粗磨→低温时效（去除应力）→研磨中心孔→半精磨→磁性探伤→渗氮处理→研磨中心孔→精磨→超精磨。

1.1.2 主轴加工工艺过程

图 1-1 所示为 CA6140 型卧式车床主轴箱主轴，该主轴既是台阶轴又是空心轴，并且是 $L/d<12$ 的刚性轴。根据其结构和精度要求，如尺寸精度、形状精度、位置精度、表面粗糙度等要求都较高，因而在加工过程中，应对定位基准面的选择、深孔加工和热处理变形等方面给予足够的重视，以确保它的加工质量。

1. 主轴的技术要求

1) 主轴两端 $C=1:12$ 的圆锥体 A、B 为支承轴颈。其圆度公差为 0.005mm；对两端基准中心孔 G 公共中心线的径向圆跳动公差为 0.005mm；锥度 $C=1:12$ 用环规检验，接触面积大于或等于 75%，表面粗糙度值为 $Ra0.4\mu m$；轴颈公差按 IT5 制造；热处理高频感应淬火，硬度为 52HRC。

2) 莫氏 6 号圆锥孔对支承轴颈 A、B 轴线的径向圆跳动公差，近轴端为 0.005mm，离轴端 300mm 处为 0.01mm；锥度用塞规检验，接触面积大于或等于 70%；表面粗糙度值为 $Ra0.4\mu m$，硬度为 48HRC。

3) 短圆锥 C 的圆锥半角 $\alpha/2 = 7°7'30''$，对支承轴颈 A、B 轴线的径向圆跳动公差为 0.008mm；大端直径按 IT5 公差等级制造。端面 D 对支承轴颈 A、B 轴线的轴向圆跳动公差为 0.008mm，表面粗糙度值为 $Ra0.8\mu m$，用环规紧贴 C 面，环规端面与 D 面的间隙为 0.05~0.10mm，硬度为 52HRC。

项目1 轴类工件加工

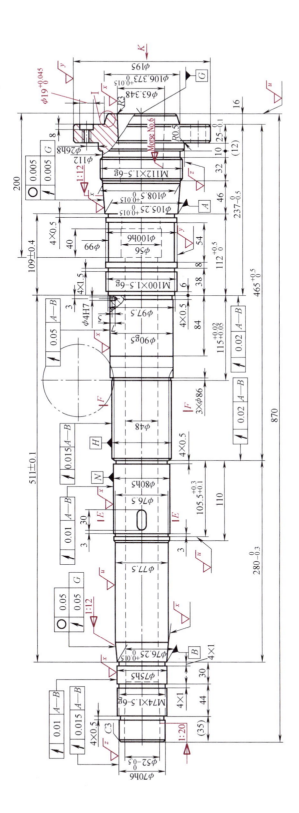

图 1-1 CA6140型卧式车床主轴箱主轴

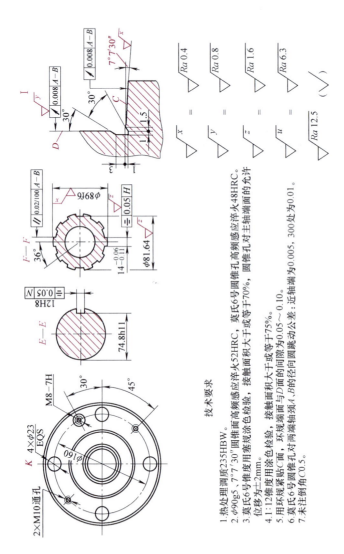

技术要求

1. 热处理调质 235HBW。
2. $\phi 90g5$，$7°7'30''$ 圆锥面高频感应淬火 52HRC，莫氏 6 号圆锥孔高频感应淬火 48HRC。
3. 莫氏 6 号锥度用塞规涂色检验，接触面积大于或等于 70%，圆锥孔对主轴端面的允许位移为 ±2mm。
4. 1:12 锥度用涂色检验，接触端面积大于或等于 75%。
5. 用环规紧贴 C 面，环规端面与 D 面的间隙为 0.05～0.10。
6. 莫氏 6 号圆锥孔对两端轴颈 A、B 的径向圆跳动公差：近轴端为 0.005，300 处为 0.01。
7. 未注倒角 C0.5。

图 1-1 CA6140 型卧式车床主轴箱主轴（续）

4）其他轴颈及其端面的技术要求。

① 花键轴颈以花键大径定心，尺寸为 $\phi89f6\times10\text{mm}\times14\text{mm}$，花键大径对两端支承轴颈 A、B 轴线的径向圆跳动公差为 0.015mm，表面粗糙度值为 $Ra0.4\mu\text{m}$；键槽齿侧对大径轴线的对称度公差为 0.05mm，对支承轴颈 A、B 轴线的平行度公差为 0.02mm/100mm，表面粗糙度值 $Ra1.6\mu\text{m}$。花键轴颈端面对支承轴颈 A、B 轴线的轴向圆跳动公差为 0.02mm。

② 轴颈 $\phi90g5$、$\phi80h5$、$\phi75h5$、$\phi70h6$ 对两端支承轴颈 A、B 轴线的径向圆跳动公差分别为 0.05mm、0.01mm、0.01mm 和 0.015mm。

③ 键槽 12H8 对 $\phi80h5$ 外圆轴线的对称度公差为 0.05mm。

5）螺纹的中径精度为 6 级，表面粗糙度值为 $Ra3.2\mu\text{m}$。

2．主轴机械加工工艺分析

（1）毛坯的选用 由于工件的大小端直径差较大，故毛坯使用锻件。在大批量生产时，使用模锻件，模锻虽然需要昂贵的设备和制造专用锻模，但可以锻造形状较复杂的毛坯，加工余量也较少，有利于减少机械加工劳动量，故在成批生产中被广泛应用。单件小批生产时常采用自由锻造，其所需的设备比较简单，但毛坯精度较差，余量可达 10mm 以上。

（2）热处理工序安排

1）毛坯锻造后，首先安排退火处理工序，目的是消除锻造时产生的应力，以防止变形和开裂，并降低毛坯硬度。

2）由于短圆锥、莫氏 6 号圆锥孔及 $\phi90g5$ 外圆需经局部高频感应淬火，因此在前道工序中安排调质处理。由于工件的毛坯是自由锻造件，毛坯余量大，因此粗车后再进行调质处理，这样可以消除在粗车时产生的内应力，同时又可提高工件的综合力学性能。

（3）工件的定位与装夹

1）两端 $C=1:12$ 支承轴颈 A、B 产生的径向圆跳动误差将使主轴装配后产生同轴度误差，在主轴上加工工件时，就会影响工件的加工精度，因此，有必要对径向圆跳动误差加以严格控制。由于轴颈 A、B 的设计基准是两端中心孔的公共中心线，因此在加工时，若能以两端的中心孔为精基准，则定位基准与设计基准统一，就可以避免装夹误差的产生。将中心孔作为定位基准，能在一次装夹中加工出各级外圆表面及其端面等，这样既保证了各级外圆轴线的同轴度，又保证了端面对各级外圆轴线的垂直度要求。作为主轴加工定位基准的中心孔的质量对主轴的加工精度有直接影响，这是由于中心孔的形状误差会反映到加工表面上去，中心孔与顶尖接触不良也会影响工艺系统刚性，造成加工误差。因此，应尽量做到两端中心孔的中心线相互重合，孔的锥角 60° 要准确，它与顶尖的接触要吻合，表面粗糙度值要小。否则，装夹于两顶尖间的轴在加工过程中将因接触刚度的变化而出现圆度误差。

2）主轴毛坯是实心轴，但最后要加工成空心轴，从选择定位基准面的角度来考虑，希望采用中心孔来定位，而把深孔加工工序安排在最后，但深孔加工是粗加工工序，要切除大量金属，会引起主轴变形而影响加工质量，所以只好在粗车外圆之后就把深孔加工出来。为了还能使用中心孔做定位基准面，在主轴的 $C=1:20$ 圆锥孔和莫氏 6 号圆锥孔中装入带中心孔的锥度工艺定位轴，如图 1-2 所示。图 1-2a 为带螺纹的锥度工艺定位轴，螺纹的作用是方便卸下。

3）为了使两端工艺定位轴有很高的精度，主轴两端圆锥孔必须经过磨削，并且其与工艺定位轴锥度的配合接触面积应大于或等于 70%，定位轴的中心孔应经研磨，表面粗糙度

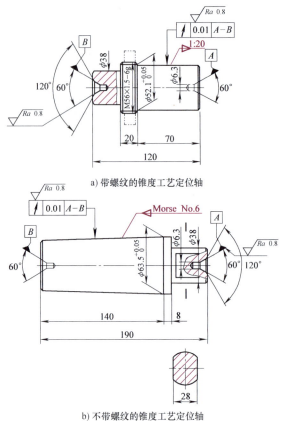

a) 带螺纹的锥度工艺定位轴

b) 不带螺纹的锥度工艺定位轴

图 1-2 锥度工艺定位轴

值为 $Ra0.8\mu m$。研磨中心孔的方法有：

① 采用铸铁或环氧树脂顶尖作为研具，加适量研磨剂，在车床上进行研磨。这种方法精度高，但效率低。

② 采用磨石或橡胶砂轮（修成顶尖形状），加少量柴油或轻机油，在车床上进行研磨。这种方法的效率比前者高。

（4）加工面的要求与方法

1) 7°7′30″短圆锥有较高的尺寸与位置精度，这是为了保证安装卡盘时能够很好地定位，只要该短圆锥面能与支承轴颈同轴，而其端面又与回转中心垂直，就能提高卡盘的定心精度。因此，在两顶尖间精加工圆锥面 C 及端面 D 时，应用分度值为 0.002mm 的指示表检查两端基准轴颈轴线，待两端中心孔的中心线同轴后，才能进行精加工。

2) 莫氏 6 号锥孔是用来安装顶尖或工具锥柄的，其轴线应与两端基准轴颈的公共轴线尽量重合，否则将影响机床精度，使所加工工件产生同轴度误差。为保证主轴圆锥孔的径向圆跳动要求在公差范围内，在精磨时，可采用 V 形夹具装夹磨削（图 1-3），工件支承在两块经过研磨、表面粗糙度值为 $Ra0.05\mu m$ 的硬质合金定位块上。按照工件轴线与砂轮回转轴线等高的原则，需要预先制备好一套不同厚度的定位块，供加工不同直径的工件时选用。

这种夹具的加工精度能达到圆锥孔对支承轴颈的径向圆跳动量为 (0.003~0.005)mm/

300mm，表面粗糙度值为 $Ra0.4\mu m$，锥度接触面积大于或等于 80%。为了尽量减少磨床头架主轴的轴向窜动和径向圆跳动对工件的影响，头架主轴必须通过与挠性连接来带动工件。使用图 1-4 所示的浮动夹头时，工件夹在连接套 6 内，拉簧 13 使夹头带动工件 11 通过钢球 14 紧压在镶有硬质合金的平顶尖 3 上，实现轴向定位，磨床头架主轴则通过拨销带动工件。这样，头架主轴的轴向窜动和径向圆跳动都不会影响工件。

在精磨主轴圆锥孔时，还可采用线绳、尼龙绳或橡皮筋以一定的方式缠绕在主轴拨销与工件卡箍之间，实现挠性传动，使工件旋转平稳。

精磨圆锥孔时，由于设计基准是两端圆锥面，不能在 V 形夹具上用作定位面，因此在选择精基准时，根据互换基准的原则，可使用相邻支承轴颈而

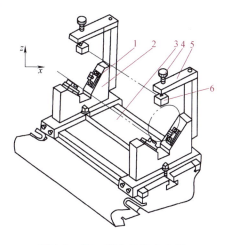

图 1-3 用 V 形夹具装夹磨削
1—硬质合金垫片 2—V 形架 3—夹具体
4—夹紧螺钉 5—支架 6—压块

且是用同一基准精加工出来的外圆作为定位基准。这样，后基准可使用 φ75h5 外圆，而前基准若选用 φ90g5 外圆，则会因远离加工部位而不易使圆锥孔达到图样技术要求，如果选用 φ99mm 外圆做基准，就比较合适。因此，应在一次装夹中精加工其外圆与两端基准轴颈。

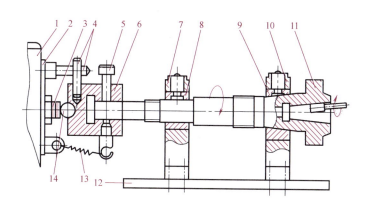

图 1-4 浮动夹头
1—磨床头架 2—头架法兰盘 3—平顶尖 4—拨杆 5—铜制螺钉 6—连接套 7—后支架 8—铜瓦
9—锥孔铜瓦 10—前支架 11—工件（主轴） 12—底座 13—拉簧 14—钢球

3）φ48mm 深孔的加工。在大批量生产时，可使用硬质合金喷吸式内排屑深孔钻钻 φ48mm 孔。当单件小批生产时，在车床上用麻花钻加工该孔，如果钻头长度不够，可用焊接的办法把钻头柄接长（俗称接长钻）。可在轴的两端分别钻孔，为了防止接合处产生台阶（即错位），钻孔时应先用中心钻定心，先用短钻头钻，再用接长钻钻。

4）主轴上的螺纹，其中径的精度为 6 级。这是用于限制与配合的压紧螺母的轴向圆跳动量所必需的要求。因为当压紧螺母的轴向跳动量过大时，在压紧滚动轴承的过程中，会造成轴承内圈轴线的倾斜。由于轴承内圈是与主轴支承轴颈相配合的，因此会引起主轴径向圆跳动量

的增大。这不但会影响工件的加工精度，而且会降低轴承的寿命。所以车削主轴上的各螺纹时，必须装夹在两顶尖间进行加工。保证螺纹轴线与支承轴颈轴线的同轴度，一般同轴度公差为 0.025~0.05mm；相应螺母支承面的径向圆跳动在 500mm 的半径上应小于 0.025mm。

5）花键轴颈的加工，常在卧式铣床上用分度头分度，用圆盘铣刀铣削。有条件的可使用花键滚刀在专用花键轴铣床上加工。

6）为保证支承轴颈 B 的 $C = 1：12$ 圆锥面的长度，$\phi 77.5mm$ 外圆应加注工艺尺寸公差，并与圆锥面同轴。

从上述分析可以看出，主轴的主要加工表面是两个支承轴颈、圆锥孔、前端短圆锥面及其端面，以及装齿轮的各个轴颈等。而保证支承轴颈本身的尺寸精度、几何形状精度，两个支承轴颈之间的同轴度，支承轴颈与其他表面的相互位置精度和表面粗糙度，则是主轴加工的关键。

3. 主轴的机械加工工艺过程

单件加工 CA6140 型车床主轴箱主轴的机械加工工艺过程见表 1-1。

1.1.3 精度检测与误差分析

1. 精度检测

精密主轴的精度检测常按一定顺序进行：先检测形状精度，然后检测尺寸精度，最后检测各表面间的相互位置精度。这样可以判明和排除不同性质的误差之间对测量精度的干扰。

（1）形状误差的检测

1）两端基准轴颈圆度误差的检测。由于两端被测主轴颈均是圆锥面，几何形状精度又高（圆度公差为 0.005mm），用杠杆卡规或杠杆千分尺是无法检测的，最理想的情况是用圆度仪测量。在没有检测圆度误差的仪器的情况下，也可以在检测锥度接触面时，根据经验判断圆度误差是否在公差范围内。

2）两端支承轴颈圆柱度误差的检查。由于圆柱度公差为 0.001mm，精度较高，理想情况是放在圆度仪或配有电子计算机的三坐标测量装置上进行检测。在无上述测量仪器的情况下，可将工件置于测量平板上的等高V形架内（V形架长度应大于支承轴颈长度），使用测微仪测量。测量时，使测微仪测杆接触工件表面，在主轴回转一周过程中，记录测量一个横截面上的最大与最小读数。按上述方法，连续测量若干个横截面，然后取各横截面内所测得的所有读数中的最大与最小读数之差即为圆柱度误差。

（2）尺寸误差的检测

1）各圆柱轴颈直径误差的检测。根据公差等级，可使用一级外径千分尺或杠杆千分尺进行测量。方法是沿被测轴颈的轴线方向测三个截面，每个截面要在相互垂直的两个部位处各测一次。根据测量结果和被测轴颈直径的公差要求，判断被测轴颈是否符合图样要求。

2）莫氏6号圆锥孔对主轴端面的位移允许误差±2mm 的检测。用圆锥量规检测，首先用涂色法检查锥度接触面积大于或等于 70% 合格后，再检查其尺寸误差。若圆锥量规上具有两个台阶，台阶之间的长度是 2mm，这时莫氏圆锥孔端面正好处于量规的两台阶之间，则表明圆锥孔的尺寸精度符合图样要求。如果量规上既没有刻线也没有台阶，则应先测量量规圆锥大端直径尺寸，再用深度千分尺测出圆锥孔端面至量规端面间的距离，通过计算可以得出莫氏圆锥孔对端面的位移是否合格。

项目1 轴类工件加工

表 1-1 主轴的机械加工工艺过程

工序号	工种	工序内容	工序简图
1	锻	锻造毛坯	
2	热处理	退火处理	
3	钳	φ70h6 外圆一端划线,钻中心孔 φ6mm A 型	
4	车	(1)一夹一顶 1)粗车 φ125mm、φ105mm、φ95mm、φ85mm、φ80mm、φ75mm 各外圆 2)倒角 (2)调头,一端夹住,另一端用中心架支承 1)车端面,尺寸为 46mm(即 46mm=16mm+30mm) 2)钻中心孔 φ6mm A 型,并顶紧 3)车 φ200mm、φ112mm 外圆 4)倒角调头,按上述装夹方法	
5	热处理	调质处理 235HBW	

工序简图(工序4对应):

- φ75, φ80, φ85, φ95, φ105, φ125, φ112, φ200
- 长度尺寸:74、280、228、112、100、30、16
- 总长 874
- GB/T 4459.5—2×A6.3/13.2
- Ra 3.2
- Ra 12.5 (√)

(续)

工序号	工种	工序内容	工序简图
6	车	两顶尖之间装夹 1) 车端面,去除余量2mm,留出凸台不大于 φ46mm 2) 车 φ196mm、φ107$^{+0.1}_{0}$mm 外圆。调头,软卡爪一夹一顶 3) 依据工序简图车各外圆及长度尺寸 4) 控制各轴颈长度,车各外沟槽至尺寸 5) 车端面,尺寸为870mm(35mm),留出凸台不大于 φ46mm	
7	车	两顶尖之间装夹,转动小滑板车两处 C=1:12 圆锥面,用环规检验,接触面积大于或等于50%	

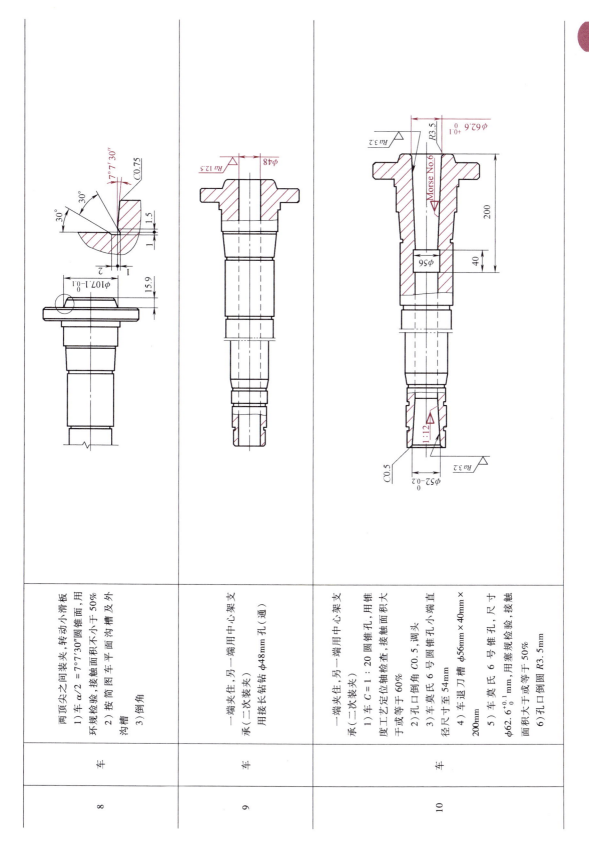

（续）

工序号	工种	工序内容	工序简图
11	钻	工件以短圆锥体外圆定位，套钻模板 1）钻 2×M10、M8 螺纹底孔至 ϕ8.5mm、ϕ6.7mm 2）扩、铰 $\phi19^{+0.045}_{0}$mm×8.5mm 孔 3）钻 4×ϕ23mm 孔 4）孔口倒角 5）攻螺纹 2×M10、M8，以 ϕ90g5 放磨外圆定位，套钻模板 6）钻、铰 ϕ4H7×5.5mm 孔	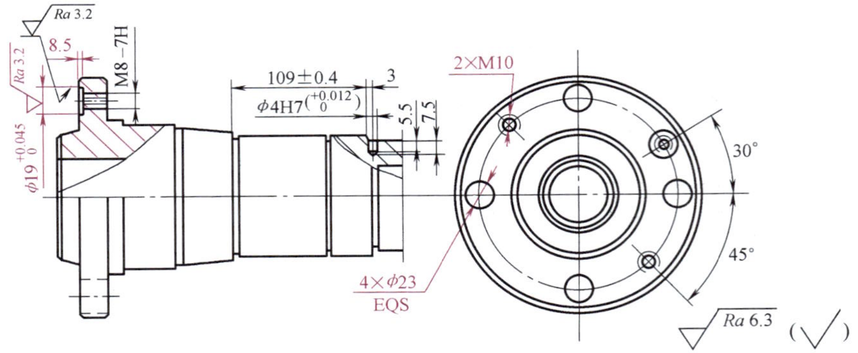
12	热处理	ϕ90g5 外圆及短圆锥 C 高频感应淬火，硬度 52HRC 莫氏 6 号圆锥孔高频感应淬火，硬度 48HRC	
13	磨	一端夹住，另一端用中心架支承 1）粗磨莫氏 6 号圆锥孔，与锥度工艺定位轴配合，接触面积大于或等于 65%。调头，按上述方法装夹 2）磨 $C=1:20$ 锥孔，与锥度工艺定位轴的配合接触面积不小于 65%（工序图中未画出）	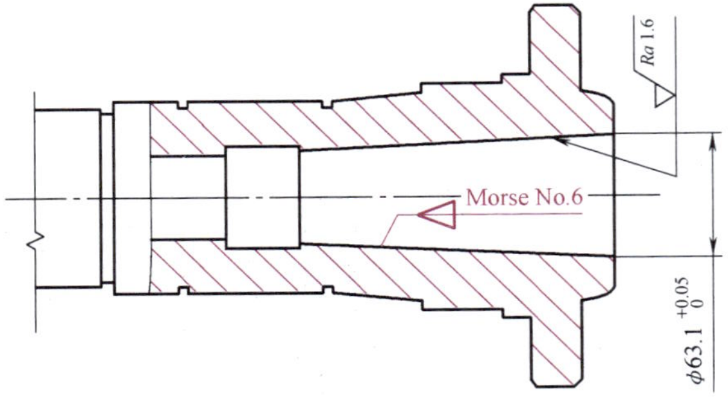

项目1 轴类工件加工

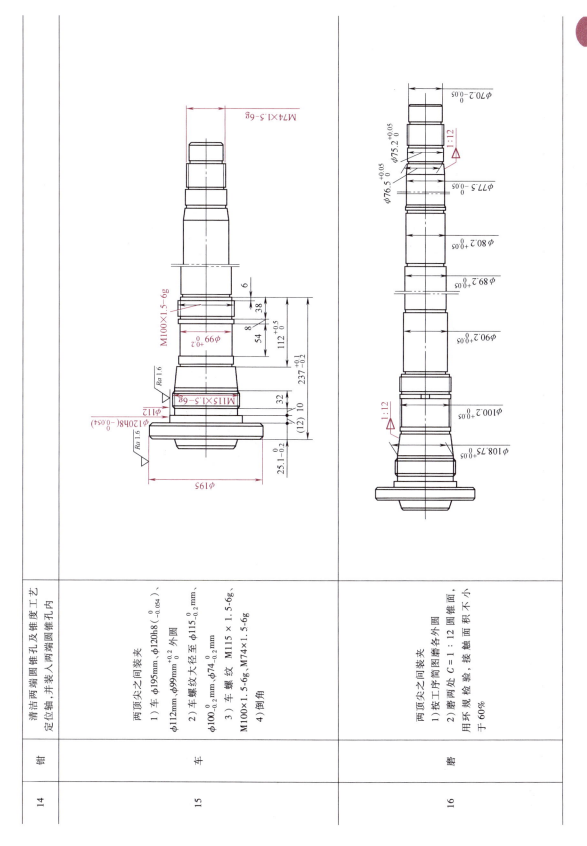

14	钳	清洁两两端圆锥孔及锥度工艺定位轴,并装入两端圆锥孔内	
15	车	两顶尖之间装夹 1) 车 $\phi195$mm、$\phi120$h8($_{-0.054}^{0}$)、$\phi112$mm、$\phi99$mm$_{0}^{+0.2}$外圆 2) 车螺纹大径至 $\phi115_{-0.2}^{0}$mm、$\phi100_{-0.2}^{0}$mm、$\phi74_{-0.2}^{0}$mm 3) 车螺纹 M115×1.5-6g、M100×1.5-6g、M74×1.5-6g 4) 倒角	
16	磨	两顶尖之间装夹 1) 按工序简图磨各外圆 2) 磨两处 C=1:12 圆锥面,用环规检验,接触面积不小于60%	

(续)

工序号	工种	工序内容	工序简图
17	铣	装夹于分度头两顶尖之间 1) 铣键槽 12H8($^{+0.027}_{0}$)×74.8h11($^{0}_{-0.19}$) 2) 修去槽口毛刺	$\phi 80.2^{+0.05}_{0}$；$74.8h11(^{0}_{-0.19})$；$12H8(^{+0.027}_{0})$；$\parallel$ 0.05 N
18	铣	装夹于分度头两顶尖之间 粗、精铣 10mm×14$^{-0.06}_{-0.11}$mm×36°花键槽	$\phi 89.2^{+0.05}_{0}$；$\phi 108.5^{+0.015}_{0}$；$115^{+0.20}_{+0.05}$；$\phi 81.64$；$14^{-0.06}_{-0.11}$；$36°$；$\parallel$ 0.02/100 $A-H$；$\parallel$ 0.05 H；Ra1.6

项目1 轴类工件加工

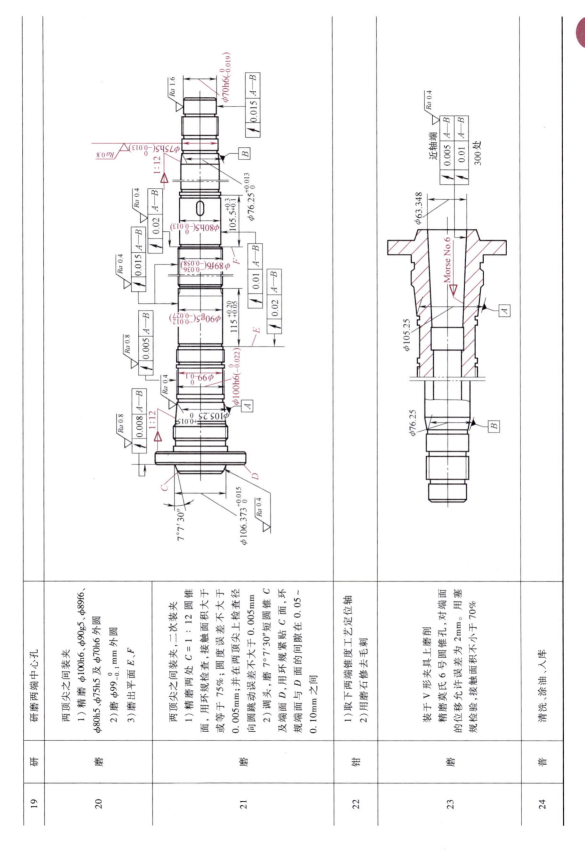

19	研	研磨两端中心孔	
20	磨	两顶尖之间装夹 1）精磨 φ100h6、φ90g5、φ89h6、φ80h5、φ75h5 及 φ70h6 外圆 2）磨 φ99$_{-0.1}^{0}$mm 外圆 3）磨出平面 E、F	
21	磨	两顶尖之间装夹，二次装夹 1）精磨两处 C = 1∶12 圆锥面，用环规检查，接触面积大于或等于75%；圆度误差不大于0.005mm，并在两顶尖上检查径向圆跳动误差不大于0.005mm 2）调头，磨7°7′30″短圆锥 C 及端面 D，用环规紧贴 C 面，环规面与 D 面的间隙在0.05～0.10mm之间	
22	钳	1）取下两端锥度工艺定位轴 2）用磨石修去毛刺	
23	磨	装于 V 形夹具上磨削 精磨莫氏6号圆锥孔，对端面的位移允许误差为2mm。用塞规检验，接触面积不小于70%	
24	普	清洗、涂油、入库	

若测得量规大端直径为 $\phi 63.12$mm，莫氏 6 号锥度 $C = 1：19.180 = 0.05214$，则量规在圆锥孔内与主轴端面的距离为

$$h_1 = (63.348\text{mm} - 63.12\text{mm})/C + 2\text{mm} = 6.37\text{mm}$$
$$h_2 = (63.348\text{mm} - 63.12\text{mm})/C - 2\text{mm} = 2.37\text{mm}$$

即量规在圆锥孔内与主轴端面的距离为 2.37~6.37mm，则圆锥孔的尺寸精度符合图样要求。

3）长度尺寸 $115^{+0.20}_{+0.05}$mm 的检测。可在车床两顶尖间测量，把尺寸 115mm 组合量块紧靠于 $\phi 90$g5 外圆表面及其肩平面上，然后使装夹在方刀架上的杠杆指示表测头接触量块面，校准指示表指针零位，移动中滑板、指示表测头接触 $\phi 90$g5 外圆的端面，如果指示表指针在 0.05~0.20mm 范围内摆动，则说明尺寸误差符合图样要求。

4）短圆锥环规端面与主轴端面 D 之间间隙的检测。使用塞尺检测，在环规与短圆锥 C 面接触配合合格后，用塞尺在环规的轴向大端与主轴端面 D 之间检测，若 0.05mm 厚塞尺能插入，而 0.1mm 厚塞尺寸插不进去，则说明间隙在公差范围内。

(3) 相互位置精度的检测

1）两端支承轴颈 A、B 对锥度工艺定位轴中心孔公共中心线 G 的径向圆跳动误差的检测。在实际生产中，该项误差的检测一般放在精磨时临床测量。测量时，用分度值为 0.002mm 的杠杆指示表测头分别接触前、后支承轴颈 A、B 表面，转动工件一周过程中，指示表读数的最大差值应不大于 0.005mm，即单个测量平面上的径向圆跳动量在公差范围内。但此时会出现两种情况：若支承轴颈 A、B 对于回转轴线的径向圆跳动方向相同，则是有利的，说明两轴颈轴线的同轴度误差为 $e = (e_A - e_B)/2$，对装配后的精度影响较小；如果方向正好相反，则是最不利于装配的，其轴线的同轴度误差为 $e = (e_A + e_B)/2$。

2）花键侧面对两端支承轴颈 A、B 轴线的平行度误差 0.02mm/100mm 的检测。以锥度工艺定位轴的中心孔装于测量中心架（或车床）两顶尖间，用指示表找正，使花键侧面处于水平位置，并记录指示表读数，移动床鞍，在 100mm 的测量长度上，指示表读数差应不大于 0.02mm。

3）主轴其他表面对两端支承轴颈 A、B 轴线的径向圆跳动误差的检测。把两端支承轴颈 A、B 置于同一测量座的两个 V 形架上，并在轴的一端用挡铁、钢球和锥度工艺轴挡住，限制其轴向移动，如图 1-5 所示。其中一个 V 形架的高度是可调整的，测量时，用分度值为 0.002mm 的指示表 1、2 调整主轴轴线，使其与测量架上平面平行。测量架要倾斜一定角度，使工件靠自重压向钢球而紧密接触。

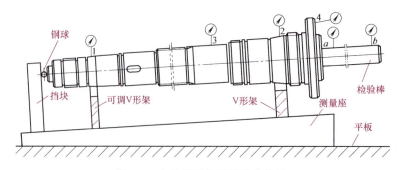

图 1-5 主轴相互位置精度的检测

① 装配件轴颈对两端基准轴颈 A、B 轴线径向圆跳动误差的检测。使指示表3（图1-5）的测头接触被测轴颈表面，在工件回转一周过程中，指示表读数的最大差值即为单个面上的径向圆跳动误差。按上述方法测量若干个截面，取在各截面上测得的跳动量的最大值作为该轴颈的径向圆跳动误差。

② 端面对两端支承轴颈 A、B 轴线的轴向圆跳动误差的检测。使指示表4的测头接触被测端面，在工件回转一周过程中，指示表读数的最大差值即为单个测量圆柱面上的轴向圆跳动误差。按上述方法测量若干个圆柱面，取在各圆柱面上测得的最大值作为该端面的轴向圆跳动误差。

③ 莫氏圆锥孔对两端支承轴颈 A、B 轴线径向圆跳动误差的检测。测量时，在主轴圆锥孔内插入一根检验棒，使指示表测头触及检验棒的上素线，旋转主轴分别在 a 处和 b 处检测（a 处靠近主轴端面，b 处距主轴端面300mm）。a、b 两处的误差应分别计算。为了消除检验棒本身误差的影响，一次检测后，须拔出检验棒，相对主轴转动90°，再重新插入莫氏圆锥孔中，依次重复检测四次，在每次检测时应记录指示表读数的差值，取四次测量结果的平均值，就是圆锥孔对支承轴颈轴线的径向圆跳动误差。

4）键槽12H8对 $\phi 80h5$ 外圆轴线对称度误差的检测。由于工件较重，不能使用基准轴线由V形架模拟，而改为由两端中心孔的中心线模拟。被测中间平面由定位块模拟（即把定位块嵌入槽内），分两步测量。

① 截面测量。把工件置于测量中心架两顶尖间，用指示表（分度值为0.01mm）找正定位块径向平面呈水平，测量定位块至中心架导轨面的距离，再将工件转动180°后重复上述测量步骤。若测得该截面上下两对应点的读数差 $a=0.21$mm、轴径尺寸 $d=79.99$mm，槽深 $h=5.3$mm，则该截面的对称度误差为

$$f_{截}=\frac{ah}{d-h}=\frac{0.21\times 5.3}{79.99-5.3}\text{mm}=0.015\text{mm}$$

② 长度方向测量。使用指示表沿键槽长度方向进行测量，若指示表指针最大读数差不大于0.05mm，则说明键槽对外圆轴线的对称度误差在公差范围内。

5）锥度1∶5圆锥面对两支承轴颈 A、B 轴线的径向圆跳动误差的检测。基准轴线由V形架模拟，把主轴置于测量平板上的等高V形架内（参照图1-5），轴向定位。用测微仪检测，在主轴回转一周过程中，测微仪读数的最大差值即为单个测量平面上的径向圆跳动量，该差值应不大于0.003mm。按上述方法测量若干截面，各截面上测得的径向圆跳动量中的最大值应不大于0.003mm。注意：该测量方法会受到V形架角度和基准实际要素几何形状误差的综合影响。

2. 表面粗糙度值 $Ra0.025\mu m$ 的检查

由于表面粗糙度值极小，用目测检测比较困难，可用电动轮廓仪检测。电动轮廓仪利用触针直接在被测表面上轻轻划过，从而测出表面粗糙度值，因此此方法又称针描法。电动轮廓仪由传感器3、驱动箱4、指示表5、工作台6和记录器7等部件组成。传感器端部装有非常尖锐的金刚石触针2（$r=1\sim 2\mu m$），如图1-6a所示。测量时将触针放在工件上，与被测表面垂直接触，利用驱动箱4以一定的速度拖动传感器。由于被测表面轮廓峰谷起伏，触针在被测表面滑行时，将产生上下移动（图1-6b）。从而使传感器内的电量发生变化，电量变化的大小与触针上下移动量成比例，经电子装置将这一微弱电量进行功率放大，推动记录器7

进行记录，即可得到截面轮廓的放大图，或在指示表 5 上直接读出表面粗糙度值。电动轮廓仪配有各种附件，以适应平面、内外圆柱面的测量。另外，该仪器测量迅速、方便，测量精度高，因此应用比较广泛。

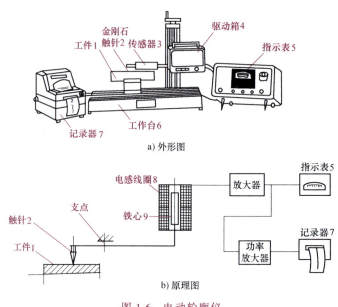

图 1-6 电动轮廓仪

1.1.4 技能训练——蜗杆轴的加工

加工图 1-7 所示的蜗杆轴，加工数量为 1 件，毛坯种类为热轧圆钢，材料 40Cr，尺寸为 $\phi 65\text{mm} \times 310\text{mm}$。

1. 分析图样

1) 根据齿形，该蜗杆类型为法向直廓蜗杆，轴向模数 $m_x = 3\text{mm}$，头数 $z_1 = 1$，蜗杆轴向齿距 $p_x = 9.425\text{mm}$，法向齿厚 $s_n = 4.704^{-0.210}_{-0.265}\text{mm}$，齿面粗糙度值为 $Ra1.6\mu\text{m}$。

2) 蜗杆齿顶圆直径对两端中心孔公共中心线的径向圆跳动公差为 0.032mm。

3) 外圆 $\phi 35\text{f7}$、$\phi 30\text{f7}$、$2 \times \phi 25\text{k6}$ 轴线对两端中心孔公共中心线的径向圆跳动公差为 0.01mm。

4) 各级主要外圆的表面粗糙度值为 $Ra0.8\mu\text{m}$。

2. 制订加工工艺

1) 蜗杆类型为法向直廓蜗杆，车削时，应把由车刀左右切削刃组成的平面垂直于齿面装夹，按导程角调节刀杆使车刀倾斜。

2) 车齿槽时，可采用车槽法，为了提高切削效率，可先用较宽的直槽车刀车至分度圆直径（图 1-8a），再用等于齿根槽宽的直槽刀车至齿根圆直径（图 1-8b），最后用精车刀车至图样要求（图 1-8c）。

3) 齿面的表面粗糙度值为 $Ra1.6\mu\text{m}$，要求较高，精车两侧齿面时，切削速度 $v_c < 5\text{m/min}$，背吃刀量 $a_p = 0.02 \sim 0.04\text{mm}$。

项目1 轴类工件加工

轴向模数	m_x	3
头数	z	1
压力角	α	20
导程角	γ	3°21′59″
旋向		右
精度等级		8f GB/T 10089—2018

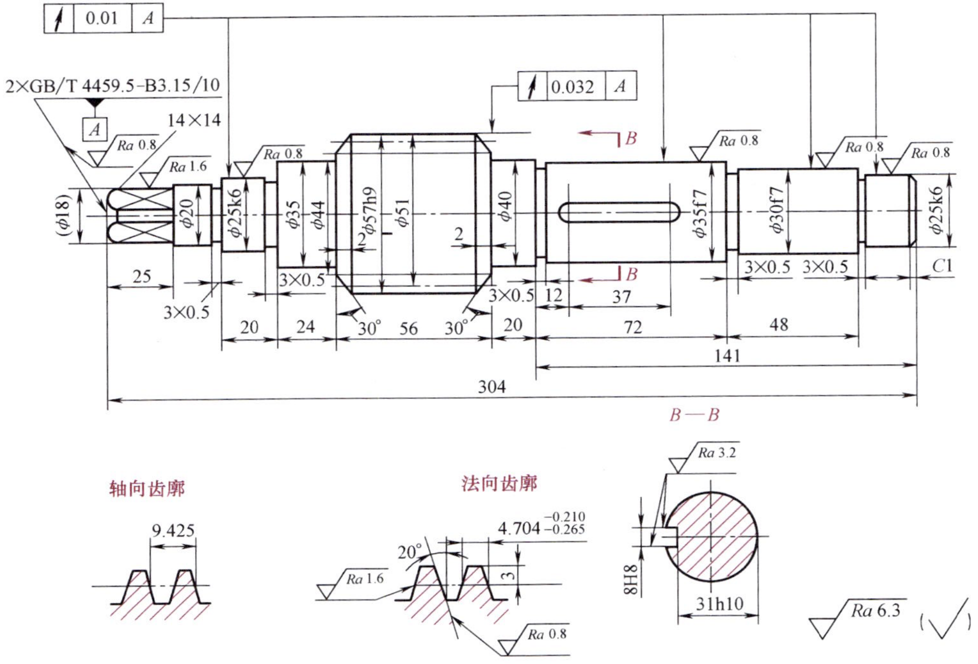

技术要求
1. 热处理调质，240~260HBW。
2. 材料40Cr。

图1-7 蜗杆轴

a) 用宽直槽刀车削　　b) 用齿根槽宽直槽刀车削　　c) 精车蜗杆齿面

图 1-8　用车槽法车削蜗杆

4）精车蜗杆齿面时，可选择乳化液作为切削液进行冷却与润滑。

5）由于蜗杆左端直径较小，为了不降低工件的装夹刚性，因此先粗车蜗杆齿形后，再车外圆 $\phi25k6$、$\phi20mm$、$\phi18mm$（14mm×14mm 四方头）。

3．工件定位与夹紧

由于主要外圆轴线及蜗杆齿顶圆直径对两端中心孔公共中心线的径向圆跳动要求较高，精加工时，将工件装夹于两顶尖之间；粗车时，采用一端夹住，另一端用活顶尖顶住的方法。

4．工件加工

蜗杆轴的机械加工过程见表 1-2。

表 1-2　蜗杆轴的机械加工过程

工序号	工序名称	工序内容	设备和工装
1	热处理	调质 240~260HBW	
2	车	用自定心卡盘夹住毛坯外圆，找正 1）车端面，光出即可 2）钻中心孔 $\phi3.15mm$ B 型	CA6140
3	车	一端夹住，另一端用活顶尖支承 1）车齿顶圆直径 $\phi57h9$ 至 $\phi57^{+0.4}_{+0.3}mm$ 2）车外圆 $\phi40mm$ 至尺寸，长度 161mm（即 161mm=141mm+20mm） 3）控制尺寸 20mm、141mm，车外圆 $\phi35f7$ 至 $\phi35^{+0.4}_{+0.3}mm$ 4）控制尺寸 72mm，车外圆 $\phi30f7$ 至 $\phi30^{+0.4}_{+0.3}mm$ 5）控制尺寸 $48^{+0.2}_{0}mm$，车外圆 $\phi25k6$ 至 $\phi25^{+0.4}_{+0.3}mm$ 6）车槽 3×3mm×0.7mm（已去除外圆留磨余量） 7）倒角 C1.2，倒角 $\phi44mm×30°$，其余倒角 C1	CA6140
4	车	调头，一端夹住，另一端用中心架支承 1）车端面，控制总长尺寸 304mm 2）钻中心孔 $\phi3.15mm$ B 型	CA6140
5	车	用软卡爪夹住 $\phi30f7$ 放磨外圆，另一端用回转顶尖顶住 1）控制蜗杆长度尺寸 56mm，车外圆 $\phi35mm$、$\phi25k6$、$\phi20mm$、$\phi18mm$，均车至 $\phi35mm$ 尺寸 2）倒角 $\phi44mm×30°$、C1.5	CA6140

（续）

工序号	工序名称	工序内容	设备和工装
6	车	仍按上述装夹方法 1) 用 4.5mm 宽的直槽刀车齿槽至蜗杆分度圆直径 $\phi 51$mm 2) 用 2.09mm 宽的直槽刀车槽至齿根圆直径 $\phi 43.8$mm （即 $d_f = d_a - 4.4 m_x = 57\text{mm} - 4.4 \times 3\text{mm} = 43.8\text{mm}$） 3) 粗车蜗杆齿面，量针直径 $d_D = 5.46$mm，量针测量距 $M = 59.565^{+0.8}_{+0.7}$mm	CA6140
7	车	一端夹住，另一端用回转顶尖顶住 1) 控制尺寸 24mm，车外圆 $\phi 25$k6 至 $\phi 25^{+0.4}_{+0.3}$mm 2) 控制尺寸 20mm，车外圆 $\phi 20$mm 至 $\phi 20^{+0.4}_{+0.3}$mm 3) 车外圆 $\phi 18$mm 至尺寸，长度 25mm 4) 车槽 $2 \times 3\text{mm} \times 0.7\text{mm}$ 至尺寸 5) 倒角 $C1$	CA6140
8	铣	工件装夹于机用机用虎钳，轴向定位 1) 铣键槽 $8\text{H}8(^{+0.022}_{0}) \times 31\text{h}10(^{0}_{-0.10})$ 至尺寸，工件装夹于分度头中找正顶住 2) 铣四方面 $10^{0}_{-0.24}\text{mm} \times 10^{0}_{-0.24}\text{mm}$ 至尺寸	X5032
9	车	修正两端中心孔，装夹于两顶尖之间，精车 $m_x = 3\text{mm}$ 蜗杆齿面至尺寸。量针直径 $d_D = \phi 5.46$mm，量针测量距 $M = 59.565^{-0.577}_{-0.728}$mm	CA6140
10	钳工	1) 修去蜗杆两端不完整齿形 2) 修去四方面处毛刺	
11	磨	工件装夹于两顶尖之间 1) 磨蜗杆齿顶圆直径 $\phi 57\text{h}9(^{0}_{-0.074})$ 至尺寸 2) 磨外圆 $\phi 35\text{f}7(^{-0.025}_{-0.050})$ 至尺寸 3) 磨外圆 $\phi 30\text{f}7(^{-0.020}_{-0.041})$ 至尺寸 4) 磨外圆 $\phi 25\text{k}6(^{+0.015}_{+0.002})$ 至尺寸	M1432
12	磨	调头，工件装夹于两顶尖之间 1) 磨外圆 $\phi 25\text{k}6(^{+0.015}_{+0.002})$ 至尺寸并光出肩平面 2) 磨外圆 $\phi 20\text{mm}$ 至 $\phi 20^{-0.05}_{-0.10}$mm	M1432
13	普	清洗、涂防锈油、入库	

1.2 偏心工件加工

偏心轴和偏心套一般都是在车床上加工的，它们的加工原理基本相同，主要是在装夹方面采取不同的措施。对于一般的偏心工件，如果是短而外形不规则且偏心距不大的偏心工件，可使用单动卡盘装夹；形状规则且偏心距不大的偏心工件可采用在自定心卡盘的一个卡爪上增加一块垫块的方法来装夹；当加工数量较多时，也可使用双重卡盘装夹；较长的偏心轴类工件可使用两顶尖装夹；加工偏心距较大的偏心工件时，也可使用花盘装夹。对于加工难度高的复杂偏心工件，用上述装夹方法是很难满足加工要求的，必须使用车床附件或其他辅助工具才能满足图样要求。

1.2.1 工艺准备

1. 偏心工件的主要技术要求

偏心工件的技术要求是根据其功用制订的，通常有以下几方面。

（1）加工精度　偏心工件的加工精度主要包括结构要素的尺寸精度、形状精度和位置精度。

1）尺寸精度。主要是指结构要素的直径和长度的精度。

2）形状精度。主要是指轴颈的圆度、圆柱度等。

3）位置精度。包括各外圆、内孔表面对基准轴线的同轴度、偏心轴或孔的轴线对基准的平行度以及对端面的垂直度等。

（2）表面粗糙度　主要工作表面的表面粗糙度是根据其转速和尺寸公差等级确定的。

2. 偏心轴的加工工艺

（1）定位基准的选择　为保证偏心轴的加工精度，选择定位基准时应尽可能遵守基准重合原则和基准统一原则，并在一次装夹中加工出尽可能多的表面。偏心轴的定位基准通常是轴或孔的中心线，因此，一般先加工基准轴线再加工偏心工件，并且粗、精加工应分开。

（2）毛坯的选择　偏心工件的毛坯形式一般有棒料和锻件两种。当偏心距较小时，采用棒料在车床上加工出来；而对于偏心距较大的工件，为了节约材料和减少机械加工的劳动量，则往往采用锻件，此时须留足够的加工余量。

1.2.2 双偏心工件的加工

单件加工图 1-9 所示的双偏心孔螺纹薄壁套。工件特点是偏心距大、精度高，且为壁薄件。工件材料为 45 钢，毛坯为 $\phi 70mm \times 100mm$ 的热轧圆钢。

1. 工件的加工要求

1）Tr65×16（P4）-7e 螺纹大径 $\phi 65_{-0.146}^{-0.100}$ mm 为基准直径，螺纹导程为 16mm，螺距为 4mm，线数为 4。

2）$\phi 25H7$ 孔中心线与莫氏 3 号圆锥孔中心线在同一平面内，公差为 0.05mm，对基准轴线的偏心距 $e=(14\pm 0.02)$ mm。

3）$\phi 25H7$ 孔中心线对螺纹大径轴线的平行度公差为 $\phi 0.02mm$。

4）$\phi 54mm$ 外圆、$\phi 50mm$ 孔对螺纹大径轴线的径向圆跳动公差为 0.025mm。

5）主要加工表面的表面粗糙度值为 $Ra1.6\mu m$。

2. 工件的加工方法

1）由于 $\phi 54mm$ 外圆与 $\phi 50mm$ 内孔间的壁厚不足 2mm，车削时应分粗、精车，并充分冷却后再精车。

2）Tr65×16（P4）-7e 梯形螺纹的线数为 4 线，可采用以分度值为 0.01mm 的指示表控制小滑板刻度值进行分线的方法。车削时，为保证加工质量，不能把一条螺旋槽全部车好后，再车另一条螺旋槽，而应按"多次循环分线，依次逐面车削"的原则。可使用三针测

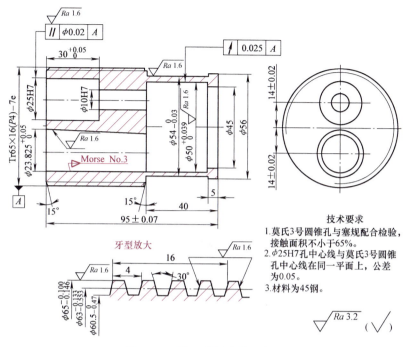

图 1-9 双偏心孔螺纹薄壁套

量法控制螺纹中径尺寸 $\phi 63_{-0.553}^{-0.133}$ mm。根据量针测量值及量针直径的计算公式

$$d_D = 0.518P = 0.518 \times 4 \text{mm} = 2.07 \text{mm}$$

$$M = d_2 + 4.864 d_D - 1.866P$$

$$= 63\text{mm} + 4.864 \times 2.07\text{mm} - 1.866 \times 4\text{mm}$$

$$= 65.6\text{mm}$$

即三针测量值及上、下极限偏差为 $M = \phi 65.6_{-0.553}^{-0.133}$ mm。但应注意：测量时三针应放在同一条螺旋槽内。

3）为保证装夹稳定性，Tr65×16（P4）-7e 螺纹车削工序应先于 $\phi 54_{-0.03}^{0}$ mm 外圆及 $\phi 50_{0}^{+0.039}$ mm 内孔车削工序。

4）ϕ25H7、ϕ10H7 偏心孔的车削。由于偏心距较大，且精度要求较高，若用单动卡盘装夹，则很不稳定，容易引发安全事故。因此，应使用辅助工具及机床附件装夹加工，方法如下：

① 工件以螺纹大径 $\phi 65_{-0.146}^{-0.100}$ mm 为定位基准，装夹于 V 形架上，置于测量平板上，用指示表、量块测量出工件螺纹大径最高点到平板的距离 A，再根据图样要求计算出偏心孔 ϕ25H7、莫氏 3 号圆锥孔组成的水平面到平板的距离。若测得距离尺寸 A = 107.63mm，螺纹大径尺寸 $d_1 = \phi 64.88$mm，则偏心孔水平面到平板的距离为

$$H = A - d_1/2 = 107.63\text{mm} - 64.88\text{mm}/2 = 75.19\text{mm}$$

② 将角铁安装在花盘面上，用专用心轴及量块找出角铁面至主轴回转轴线的距离 75.19mm。固定角铁，并紧靠角铁底平面装一平尺，以备找正工件轴线与主轴轴线同轴及移动偏心位置时使用。

③ 把 V 形架连同工件装于角铁面上（图 1-10），并使工件轴线大致处于主轴轴线位置，

用指示表找正V形架侧面与主轴轴线的平行度误差不大于0.005mm，用压板固定V形架于角铁上。

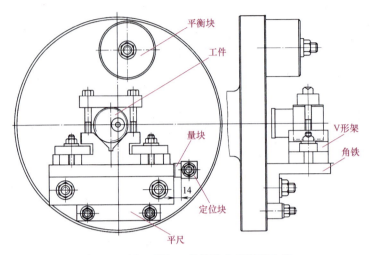

图1-10 用V形架、角铁装夹车削偏心孔

④ 找正工件轴线与主轴轴线同轴，方法是把指示表装夹在方刀架上，转动花盘，使角铁面垂直于水平面，用指示表找出工件螺纹大径最高点，并记录读数。然后把角铁旋转180°，按上述方法找出螺纹大径反向最高点的读数，对比两次读数是否相同，若不相同，可反复找正至指示表两侧测量的读数差不大于0.01mm。固定角铁后，在角铁侧面装一定位块。

⑤ 找正偏心距位置。水平移动角铁，在角铁侧面与定位块之间放入尺寸为14mm的量块，固定角铁后卸去量块即可进行车削。

⑥ 偏心孔的车削方法如下：

a. 钻中心孔定心。

b. 钻孔 $\phi 9mm$，扩孔 $\phi 9.8mm$。

c. 用平头钻扩孔至 $\phi 24mm$，深度为29.5mm。

d. 粗、精车孔 $\phi 25H7$，控制尺寸30mm。

e. 铰孔 $\phi 10H7$。

f. 孔口倒角 $C0.2$。

5）莫氏3号圆锥孔的装夹与车削方法。为保证两偏心孔中心线在同一平面内，采用水平移动角铁的方法，使莫氏3号圆锥孔的中心线与主轴轴线同轴。方法是把角铁右侧定位块移至角铁左侧面并靠紧，松开固定角铁的螺钉，并在角铁左侧面与定位块之间放入尺寸为28mm的量块（图1-11），固定角铁后卸去量块即可车削莫氏3号圆锥孔。

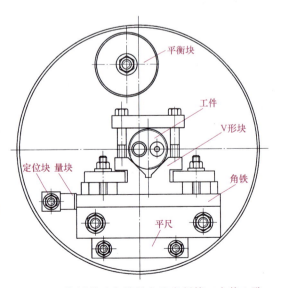

图1-11 使用移动角铁的方法车削第二个偏心孔

对于莫氏 3 号圆锥度，查表得 $α/2 = 1°26'16''$，锥度 $C = 1:19.922$。圆锥孔小端直径可用下式计算

$$D_2 = D_1 - CL = 23.825\text{mm} - 1/19.922 \times (95\text{mm} - 40\text{mm})$$
$$= 21.06\text{mm}$$

可采用转动小滑板法车削圆锥孔。

3. 双偏心孔（图 1-9）精度检测

（1）偏心距尺寸 $(14±0.02)$ mm 的检测 把工件装夹在 V 形架上，置于测量平板上，在 $\phi 25H7$ 孔（或莫氏 3 号圆锥孔）内插入一根量棒，用杠杆指示表找出量棒最高点，若用量块配合测得高度尺寸 $B = 115.416$mm，再用量块配合测得螺纹大径最高点到平板的距离 $A = 121.36$mm，并实测量棒尺寸 $d_1 = \phi 24.996$mm，螺纹大径尺寸 $d = 64.88$mm，则偏心距实际尺寸为

$$e = B + \frac{d}{2} - \frac{d_1}{2} - A$$
$$= \left(115.416 + \frac{1}{2} \times 64.88 - \frac{1}{2} \times 24.996 - 121.36\right)\text{mm}$$
$$= 13.998\text{mm}$$

（2）$\phi 25H7$ 孔中心线对螺纹大径 $\phi 65^{-0.100}_{-0.146}$mm 轴线平行度误差的检测 把工件置于 V 形架上，在平板上测量，在孔内装入一根量棒（被测轴线由量棒模拟）。用杠杆指示表在量棒的上素线上测量，其读数差在 30mm 长度上应不大于 0.02mm。在 0°～180°范围内转动工件，按上述方法测量若干个不同角度位置，各个测量位置的指示表读数差值均不得大于 0.02mm。

（3）$\phi 25H7$ 孔中心线与莫氏 3 号圆锥孔中心线在同一平面上误差的检测 把工件装夹在 V 形架上（基准轴线由 V 形架模拟），并置于测量平板的垫块上（图 1-12），在两偏心孔内装入测量心轴（两心轴的测量部分做成等直径误差不大于 0.005mm）。测量时转动工件，用杠杆指示表找正由两心轴测量部位上素线组成的平面与主轴轴线平行。固定工件，将 V 形架翻转 180°，再用指示表测量两心轴测量部分上素线，此时指示表读数差 δ 应不大于 0.1mm。

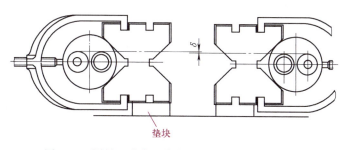

图 1-12 测量两孔中心线在同一平面上误差的方法

1.2.3 三个偏心距相等的偏心工件的加工

图 1-13 所示为变深螺纹偏心轴，工件上的 $3 \times \phi 14H7$ 孔偏心距相等，呈 120°分布，加工

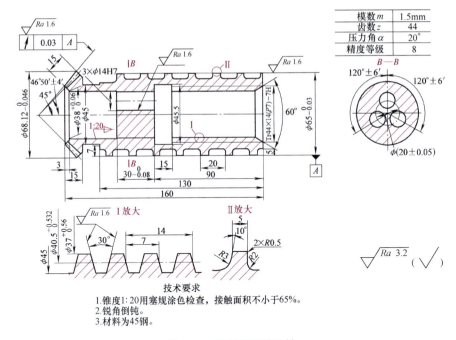

图 1-13 变深螺纹偏心轴

难度大,应合理安排加工工艺。工件材料为 45 钢,毛坯为 $\phi 70\text{mm} \times 165\text{mm}$ 的热轧钢。加工批量为单件。

1. 工件的加工要求

1) 变深螺纹大径 $\phi 65\text{mm}$ 为基准轴颈,表面粗糙度值为 $Ra1.6\mu\text{m}$。

2) 变深螺纹全齿高由 5mm 变深至 7mm,螺距为 20mm,左侧槽齿为 10°斜面,与槽底用 $R3\text{mm}$ 圆弧光滑接平;右侧槽齿面垂直于轴线,与槽底用 $R2\text{mm}$ 圆弧光滑连接。

3) Tr44×14 (P7)-7H 梯形内螺纹是导程为 14mm、螺距为 7mm 的双线螺纹,螺纹精度等级为 7 级,齿面的表面粗糙度值为 $Ra1.6\mu\text{m}$。

4) 1:20 圆锥孔大端直径为 $\phi 38^{+0.06}_{0}\text{mm}$,与塞规配合时接触面积应不小于 65%。

5) 左端为直齿锥齿轮,齿顶圆直径为 $\phi 68.12^{0}_{-0.046}\text{mm}$,顶锥角为 $46°50' \pm 4'$,顶锥面对变深螺纹大径轴线的径向圆跳动公差为 0.03mm。

6) $3 \times \phi 14\text{H7}$ 孔的偏心直径为 $\phi(20 \pm 0.05)\text{mm}$,轴线间夹角为 $120° \pm 6'$。表面粗糙度值为 $Ra1.6\mu\text{m}$。

2. 工件的加工方法

(1) 变深螺纹的车削 螺纹小径由大变小(即槽深由浅变深)呈圆锥体,所以车削时装夹在两顶尖之间,使用偏移尾座法,尾座偏移量为

$$S = \frac{D-d}{2L_1}L$$

$$= \frac{(65\text{mm} - 2 \times 5\text{mm}) - (65\text{mm} - 2 \times 7\text{mm})}{2 \times 130\text{mm}} \times 160\text{mm}$$

$$= 2.46\text{mm}$$

式中　　S——尾座偏移量（mm）；

　　　　D——螺纹大径（mm）；

　　　　d——螺纹小径（mm）；

　　　　L——零件长度（mm）；

　　　　L_1——螺纹长度（mm）。

车削时，先用 $R2$mm、$R3$mm 圆弧车刀把变深螺纹小径车至尺寸，齿厚尺寸 5mm 车至 6.5mm，然后用成形车刀车削左面齿侧 10° 斜面。注意螺纹车刀的装夹，应使螺纹车刀的主切削刃与工件轴线平行。

（2）梯形内螺纹的车削　由于螺纹精度要求一般，分线时可采用小滑板刻度值分线法。若已知小滑板刻度盘每格移动距离 $s=0.05$mm，则小滑板刻度转过的格数 K 为

$$K = P/s = 7\text{mm}/0.05\text{mm} = 140 \text{ 格}$$

（3）尺寸 $30_{-0.08}^{0}$ mm 的控制方法　由于是两孔内壁的长度，车削时直接测量该尺寸较困难，因此在车削 1:20 圆锥孔时，可先测量出长度尺寸 160mm 及梯形内螺纹深度尺寸 90mm 的实际尺寸，然后通过尺寸链计算控制圆锥孔深度，以保证尺寸 30mm 在公差范围内。

若测得长度尺寸为 160.08mm，梯形内螺纹深度尺寸为 90.12mm，则可画出尺寸链图（图 1-14）。根据分析，尺寸 $N=30$mm 是间接得到的，属封闭环，尺寸 $A_1 = 160.08\text{mm} - 90.12\text{mm} = 69.96\text{mm}$ 为增环，尺寸 A_2 是实际测得的，属减环，根据极值法计算

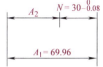

图 1-14　尺寸链图

$$N_{\max} = A_{1\max} - A_{2\min}$$
$$A_{2\min} = A_{1\max} - N_{\max} = 69.96\text{mm} - 30\text{mm} = 39.96\text{mm}$$
$$N_{\min} = A_{1\min} - A_{2\max}$$
$$A_{2\max} = A_{1\min} - N_{\min} = 69.96\text{mm} - 29.92\text{mm} = 40.04\text{mm}$$

即　　$A_2 = (40 \pm 0.04)$mm

只要控制圆锥孔深度尺寸在 (40 ± 0.04)mm 范围内，即可保证两孔内壁厚度尺寸 $30_{-0.08}^{0}$ mm。

（4）$3 \times \phi 14$H7 偏心孔工序的安排　为了便于加工和测量 $3 \times \phi 14$H7 偏心孔，应把 1:20 圆锥孔加工工序放在 $3 \times \phi 14$H7 孔加工工序之后。

（5）$3 \times \phi 14$H7 偏心孔的车削方法　由于三孔中心距的尺寸精度及两孔中心线间夹角精度要求都比较高，虽然可以采用划线后，在单动卡盘上装夹找正后加工偏心距（$R = 10\text{mm} \pm 0.025\text{mm}$）的方法，但是很难达到图样要求。因此，改为把工件装夹于 V 形架上，置于花盘角铁上加工，这样既可达到图样要求的精度，又便于找正，方法如下：

1）车削第一个偏心孔的方法。工件的装夹与车削方法如下：

① 工件以变深螺纹大径 $\phi 65$mm 为定位基准，装夹于 V 形架上（图 1-15），置于测量平板上。首先用指示

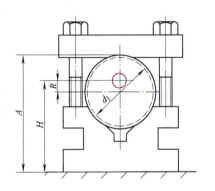

图 1-15　在平板上测量偏心孔中心线到 V 形架底面的距离

表和量块测量出工件齿顶圆直径 $\phi68.12mm$ 最高点到平板的距离 A，再根据图样要求计算出偏心孔 $\phi14H7$ 中心线到平板的距离。若测得距离尺寸 $A=107.68mm$，实测齿顶圆直径尺寸 $d_1=\phi68.10mm$。则偏心孔中心线到平板的距离为

$$H = A - d_1/2 + R$$
$$= 107.68mm - 68.10mm/2 + 10mm$$
$$= 83.63mm$$

② 将角铁安装在花盘面上，用专用心轴及量块找正角铁平面至主轴回转轴线的距离 83.63mm。固定角铁，并紧靠角铁底平面装一平尺（图中未画出），以备找正工件轴线与主轴轴线同轴时用。

③ 把 V 形架连同工件装于角铁面（图 1-16）上，并使工件轴线大致处于主轴轴线位置，用分度值为 0.002mm 的指示表找正至 V 形架侧面与主轴轴线的平行度误差不大于 0.005mm，用压板将 V 形架固定在角铁上。

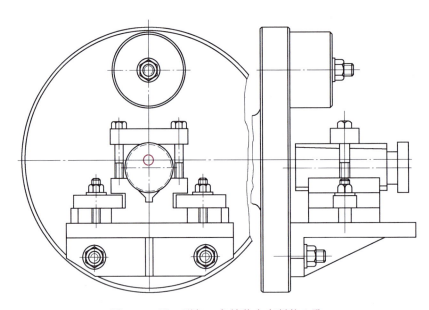

图 1-16 用 V 形架、角铁装夹车削偏心孔

④ 找正工件轴线与主轴轴线同轴。把指示表装夹在车床方刀架上，转动花盘，使角铁面垂直于水平面，用指示表找出工件齿顶圆直径最高点，并记录读数。然后把角铁翻转 180°，按上述方法找出齿顶圆直径最高点的读数，看其与前者读数是否相同，若不相同，可反复找正至指示表两次测量的读数差不大于 0.01mm。固定角铁，装平衡块调整平衡后即可车削第一个偏心孔。

2) 车削第二个偏心孔的方法。可根据曲轴的测量方法来找正第二个偏心孔的位置，方法如下：用指示表找正使角铁面呈水平位置，松开压板，把工件按 120° 角度转动，并在已车好的 $\phi14H7$ 偏心孔内插入一根测量心轴，在心轴下面垫入一组组合量块，使要车削的第二个偏心孔与主轴同轴，即两个偏心孔中心线夹角为 120°。组合量块的尺寸可根据图 1-17 所示方法计算，由图可知

$$A = d_1/2 + x + d_2/2 + h$$

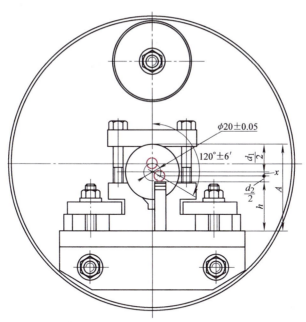

图 1-17 用垫量块的方法找正第二个偏心孔的位置

已测得齿顶圆直径最高点到平板的距离 $A = 107.68$ mm，齿顶圆直径实测尺寸 $d_1 = 68.10$ mm，心轴直径尺寸 $d_2 = 14$ mm。则组合量块的高度为

$$h = A - \frac{d_1}{2} - x - \frac{d_2}{2}$$

$$= A - \frac{1}{2}(d_1 + d_2) - R\sin 30°$$

$$= 107.68\text{mm} - \frac{1}{2}(68.10 + 14)\text{mm} - 10\text{mm} \times \sin 30°$$

$$= 61.63\text{mm}$$

把尺寸为 61.63mm 的组合量块垫入心轴下素线下，压紧工件后取出量块及心轴即可车削第二个偏心孔。

3）车削第三个偏心孔的方法。在两个偏心孔中都插入测量心轴，垫入组合量块后，用指示表测量两心轴在同一位置的读数，若两者指示表读数的差值在公差范围内，则说明可以加工第三个偏心孔。

3. 三偏心孔的精度检测

（1）偏心距尺寸 $\phi(20\pm0.05)$mm 的检测 由于 $3\times\phi14H7$ 偏心孔的偏心距无检测基准，因此通过平面三角计算后，在两偏心孔内插入心轴，用外径千分尺测量两心轴外圆，如图 1-18 所示。若测得心轴直径尺寸 $d = 14.006$mm，则外径千分尺的测量值为

$$B_{\max} = B_{1\max} + d$$

$$= 2 \times \cos 30° \times R_{\max} + d$$

$$= 2 \times 0.866 \times 10.025\text{mm} + 14.006\text{mm}$$

$$= 31.3693\text{mm} \approx 31.37\text{mm}$$

$$B_{\min} = B_{1\min} + d$$
$$= 2 \times \cos 30° \times R_{\min} + d$$
$$= 2 \times 0.866 \times 9.975\text{mm} + 14.006\text{mm}$$
$$= 31.2827\text{mm} \approx 31.28\text{mm}$$

即外径千分尺的测量值为 $31.28^{+0.09}_{0}$mm。

（2）偏心孔中心线间夹角误差的检测　可根据测量三拐曲轴曲拐夹角误差的方法进行检测。工件以变深螺纹大径为基准轴颈，装于 V 形架上，使其中两偏心孔处于水平位置，并置于测量平板上。在工件的两偏心孔内插入测量心轴，心轴与孔配合部分做成小锥度，以消除配合间隙，两心轴测量部分做成等直径，其误差不大于 0.005mm。随后在一个心轴下面垫入一组组合量块，如图 1-19 所示。使两偏心孔中心线组成平面与平板水平面平行，组合量块的高度为

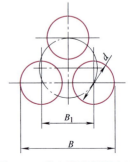

图 1-18　偏心距的测量方法

$$h = A - \frac{1}{2}(d + R + d_1)$$

式中　h——组合量块的高度（mm）；
　　　A——变深螺纹大径顶点高度（mm）；
　　　d——变深螺纹大径实际尺寸（mm）；
　　　R——偏心距（mm）；
　　　d_1——测量心轴实际尺寸（mm）。

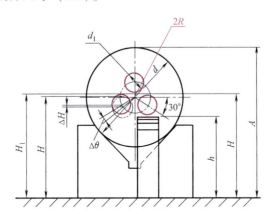

图 1-19　三个偏心距相等且呈 120°分布的偏心孔中心线夹角误差的测量

若测得 $A = 97.5$mm，$d = 64.99$mm，$R = 10$mm，$d = 14.01$mm，则

$$h = 97.5\text{mm} - \frac{1}{2} \times (64.99\text{mm} + 10\text{mm} + 14.01\text{mm})$$
$$= 53\text{mm}$$

将尺寸为 53mm 的组合量块垫入测量心轴下面后，用指示表先测出该心轴外圆顶点到平板距离的读数值，然后测出另一测量心轴外圆顶点到平板距离的读数值，如果两者读数值相同，则两偏心孔中心线之间的夹角恰好等于 120°。如果测得的读数有差异，则说明两偏心孔中心线之间的夹角有误差，这时可用式（1-1）和式（1-2）求出未垫量块组处偏心孔中心

线与基准轴颈水平轴线间的夹角 θ 及其角度误差值 $\Delta\theta$。

$$\sin\theta = 0.5 - \frac{H_1 - H}{R} \quad (1\text{-}1)$$

式中 H——有垫块处测得的心轴顶点读数（mm）；

H_1——无垫块处测得的心轴顶点读数（mm）。

$$\Delta\theta = 30° - \theta \quad (1\text{-}2)$$

若两测量心轴顶点的读数差 $H_1 - H = 0.015\text{mm}$，则

$$\sin\theta = 0.5 - \frac{0.015\text{mm}}{10\text{mm}} = 0.4985$$

$$\theta = 29°54'3''$$

$$\Delta\theta = 30° - 29°54'3'' = 5'57'' < \pm 6'$$

说明这两个偏心孔的中心线夹角误差在公差范围内。

1.2.4 多孔偏心工件的加工

图 1-20 所示模板是多孔偏心工件，要求在车床上车削各偏心孔。加工数量为单件，加工前坯料已加工至如图 1-21 所示。

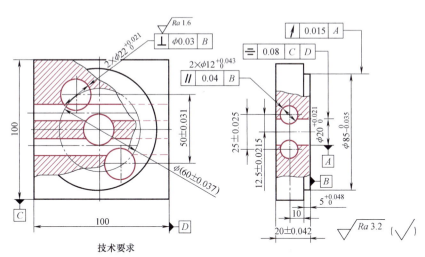

图 1-20 模板

1. 工件的加工要求

1）基准孔 $A\phi20^{+0.021}_{0}\text{mm}$ 中心线对平面 C、D 的对称度公差为 0.08mm。

2）外肩圆 $\phi85^{0}_{-0.035}\text{mm} \times 5^{+0.048}_{0}\text{mm}$ 对基准孔 A 的径向圆跳动公差为 0.015mm。

3）两孔 $\phi22^{+0.021}_{0}\text{mm}$ 中心线间的距离为 $(50\pm0.031)\text{mm}$，并位于 $\phi(60\pm0.037)\text{mm}$ 圆周上，对外肩圆 $\phi85^{0}_{-0.035}\text{mm}$ 端面 B 的垂直度公差为 0.03mm。

4）两孔 $\phi 12^{+0.043}_{\ \ 0}$mm 中心线间的距离为（25±0.025）mm，其中一孔与基准孔 A 中心线间的距离为（12.5±0.0215）mm，对端面 B 的平行度公差为 0.04mm。

5）各孔的表面粗糙度值为 $Ra1.6\mu m$。

2. 工件的加工方法

由于工件的孔间距离精度和位置精度要求较高，装夹在单动卡盘上车削难以达到图样要求，因此，以 100mm×100mm 平面为定位基准面，装夹在花盘和角铁上加工，具体方法如下：

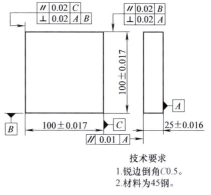

图 1-21 模板坯料图

（1）基准孔 A 的车削方法　根据分析，首先车削基准孔 $A\phi 20^{+0.021}_{\ \ 0}$mm 及外肩圆 $\phi 85^{\ \ 0}_{-0.035}$mm×$5^{+0.048}_{\ \ 0}$mm，装夹方法如下：

1）划 $\phi 20^{+0.021}_{\ \ 0}$mm 基准孔中心线，并在中心处打样冲点。

2）将工件装夹在花盘面上，用尾座顶尖顶住冲点，用压板轻压工件。把指示表装夹在方刀架上，用指示表找正 C 面呈水平位置，并记录读数；使花盘转动 180°，使另一平面处于水平位置，记录指示表读数，看其与 C 面读数是否相同，若不相同，则反复找正至指示表读数差不大于 0.01mm。固定工件后，在 C 面处装一平尺（图 1-22），并找正 D 面对车床主轴轴线对称时移动。

3）按上述方法找正 D 面对主轴轴线的对称度误差不大于 0.01mm，用压板固定工件后，在 D 面处装上定位块。

4）车削方法。钻中心孔 $\phi 4$mm，顶牢；卸去压板，车外肩圆 $\phi 85^{\ \ 0}_{-0.035}$mm×$5^{+0.048}_{\ \ 0}$，倒角 C0.5，用压板固定工件，退出后顶尖；钻孔 $\phi 18$mm，车孔至 $\phi 19.7$mm，两端孔口倒角 C0.5；铰孔至尺寸 $\phi 20^{+0.021}_{\ \ 0}$ 后卸下工件，备车削偏心孔用。

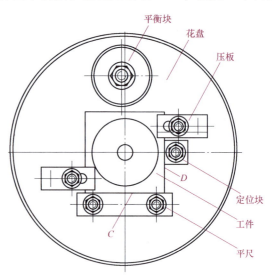

图 1-22 在花盘上装夹车削偏心件的基准孔

（2）2×$\phi 22^{+0.021}_{\ \ 0}$mm 孔的车削方法　由于两孔中心线与定位基准面垂直，故将工件装夹在花盘上车削，方法如下：

1）根据图样要求，两孔中心位于 $\phi(60±0.037)$mm 圆周线上，为了便于找正，把圆周尺寸换算成基准孔 A 的偏心尺寸。由图 1-23 可知

$$e = \sqrt{\left(\frac{60}{2}\right)^2 - \left(\frac{50}{2}\right)^2}\ \text{mm}$$
$$= 16.583\text{mm}$$

2）根据图 1-12 所示装夹位置，松开压板移动工件，在 C 面与平尺间垫入尺寸为 25mm 的量块，D 面仍紧靠定位块，用压板固定工件后，卸去量块移动平尺紧靠 C 面，如图 1-24 所示。

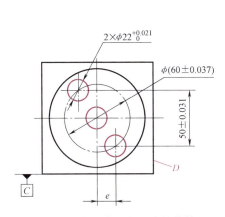

图 1-23 中心线距离尺寸的换算

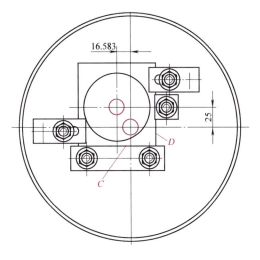

图 1-24 在花盘上装夹车削偏心孔

3）再次松开工件压板，在工件 D 面与定位块之间垫入尺寸为 16.583mm 的量块组，用压板固定工件后，卸去量块组移动定位块紧靠 D 面，即可车削。

4）车削方法是钻孔 ϕ20mm，车孔至 ϕ21.8mm，两端孔口倒角 C0.5，铰孔 $\phi 22_{\ 0}^{+0.021}$ mm。

5）另一偏心孔 $\phi 22_{\ 0}^{+0.021}$ mm 的车削方法如图 1-25 所示。孔中心位于基准孔 A 的（$\phi 60\pm 0.037$）mm 圆周轴线上，把圆周尺寸换算成已加工孔的偏心尺寸，由图 1-23 可知

$$e_1 = \sqrt{60^2 - 50^2}\ \text{mm} = 33.166\text{mm}$$

先松开平尺上的螺钉，在平尺与工件 C 面间垫入尺寸 50mm 的量块，固定平尺后松开压板，移动工件与平尺及定位块紧靠。用压板轻压工件，然后再松开定位块螺钉，在工件 D 面与定位块间垫入尺寸为 33.166mm 的量块组，固定定位块，移动工件与定位块及平尺紧靠，用压板固定工件后即可车削。

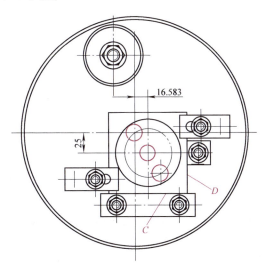

图 1-25 在花盘上装夹车削另一偏心孔

(3) $2\times\phi12_0^{+0.043}$mm 孔的车削方法 由于两孔的回转中心线与定位基准面平行，因此装夹在花盘角铁上车削，如图 1-26 所示。方法如下：

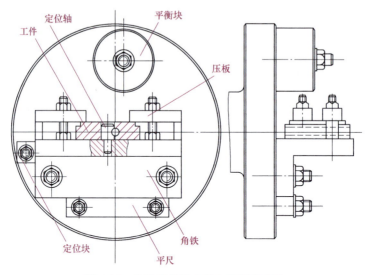

图 1-26 在花盘角铁上装夹车削偏心孔

1）关于角铁在花盘上位置的找正方法，中、高级车工培训教材中已多次讲述，这里不再介绍。

2）由于 $2\times\phi12_0^{+0.043}$mm 孔与基准孔 A 及 $2\times\phi22_0^{+0.021}$mm 孔交错分布，钻孔时为防止孔钻偏，可以在上述孔中自制工艺心轴（与孔过渡配合）轻压孔内。

3）被加工孔的长度较大而孔径较小，属于深孔加工，钻孔后不易车孔，可以使用精孔钻扩孔后铰孔。精孔扩孔钻的几何形状如图 1-27 所示，其特点是在普通麻花钻的切削刃两边修磨出顶角 $2\kappa_{ro}=8°\sim10°$ 的修光刃，同时磨 $2\kappa_r=60°$ 的切削刃。由于修光刃偏小，后角较大，刃口十分锋利，切下的切屑很薄，从而使表面粗糙度值很小。使用时应用很低的切削速度和较小的进给量进行扩孔。为保证孔的直线度，钻孔前应先用中心钻定心。

4）第一个孔加工完毕后，在角铁侧面装一定位块，然后松开角铁螺钉，移动角铁，在角铁与定位块间垫入尺寸为 25mm 的量块，固定角铁后即可车削第二个孔。

3. 多孔偏心工件的精度检测

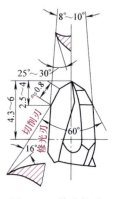

图 1-27 精孔扩孔钻的几何形状

(1) $\phi12_0^{+0.043}$mm 孔精度检测 用 0.01mm/(10~18) mm 的内径指示表检测。以标准套规调整内径指示表指针零位，并把内径指示表插入被测孔中，沿被测孔中心线方向测若干个截面，对每个截面要在相互垂直的两个部位上各测一次。如果指示表指针在 0~0.043mm 范围内摆动，则说明孔径符合图样要求。

(2) 台阶尺寸 $5_0^{+0.048}$mm 的检测 用深度千分尺检测。首先在测量平板（或机床导轨面）上检查千分尺微分筒上的零刻线位置是否正确，必要时进行调整。沿台阶上均匀分布的三点进行测量，其读数值应在 5~5.048mm 范围内。

(3) 孔距尺寸（25±0.025）mm 的检测 由于两孔径误差较大，若用测量心轴及外径千分尺配合测量，则很难精确测量误差。可用内测千分尺直接在两端孔口进行测量，取其读数值最大的一端。千分尺的读数值减去两孔直径实际尺寸的一半就是孔距的实际尺寸。

(4) 孔距尺寸（12.5±0.0215）mm 的检测 如图 1-28 所示，在 $\phi12^{+0.043}_{0}$ mm 孔内插入测量心轴，置于平板等高块上，用角铁调整基准孔 A 中心线与平板面平行，用指示表找出测量心轴上素线最高点，把可调整量块调整到与心轴最高点等高，然后将计算后的量块组放在可调量面上。为了方便测量，可在量块组上附加一块量块并伸出一半，再用指示表找出基准孔上素线的最高点，移动指示表，使测头与附加量块下平面接触，比较两者读数差是否在公差范围内。

$$h = L + \frac{D}{2} - \frac{d}{2}$$

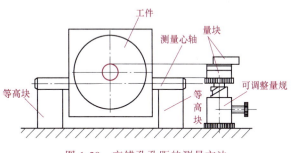

图 1-28 交错孔孔距的测量方法

式中 h——量块组高度（mm）；

L——孔距（mm）；

D——基准孔实际尺寸（mm）；

d——测量心轴实际尺寸（mm）。

若测得基准孔 A 的实际直径 $D = 20.01$ mm，测量心轴的实际直径 $d = 11.99$ mm，则

$$h = L + \frac{D}{2} - \frac{d}{2}$$
$$= \left(12.5 + \frac{20.01}{2} - \frac{11.99}{2}\right)\text{mm} = 16.51\text{mm}$$

(5) 基准孔 A 中心线对平面 C（或 D）对称度误差的检测 如图 1-29 所示，测量时，把工件的平面 C（或 D）放在测量平板上，用指示表测头接触孔表面，找出孔的下素线，测量出 a 和 b 的值。将工件翻转 180°后，测量 c 和 d 的值。比较 a、c 和 b、d 处的壁厚，若两个壁厚中较大的值不大于 0.08mm，则说明对称度合格。

(6) $2×\phi22^{+0.021}_{0}$ mm 孔中心线对端平面 B 垂直度误差的检测 将工件置于测量平板的直角座上并固定，为了简化测量，可仅在 x、y 两个方向上进行测量。

测量时把测量心轴插入被测孔内，用指示表在心轴前后两点上测量，若测得读数 $M_1 = 0.01$mm、$M_2 = 0.02$mm，测量长度为 30mm，则该测量方向上的垂直度误差为

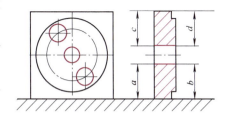

图 1-29 对称度误差的检测

$$f_1 = \frac{20}{30} \times |-0.01 - 0.02| = 0.03\text{mm}$$

将工件旋转 90°，按上述方法测量并计算，得到误差 $f_2 < 0.03$mm，说明垂直度误差在公差范围内。

1.3 六拐曲轴加工

曲轴和偏心轴属于异形轴,它们是发动机、空压机、曲柄压力机、剪切机等机械设备中的重要零件。曲轴的结构与一般轴类工件不同,它有主轴颈、曲拐轴颈(又称连杆轴颈)、主轴颈和曲拐轴颈的连接板、轴肩、连接盘等(图1-30)。根据发动机的性能和用途不同,曲轴有一个或多个曲拐,按曲拐轴颈拐数的不同,曲拐轴颈之间的角度有90°、120°、180°等。

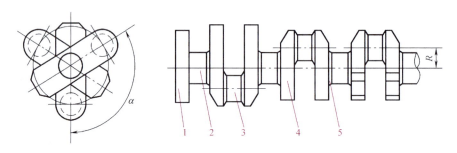

图1-30 曲轴结构简图

1—连接盘 2—主轴颈 3—曲拐轴颈 4—连接板 5—轴肩
R—曲拐偏心距 α—曲拐夹角

曲轴有整体式和组合式之分。整体式曲轴具有强度高、刚性好和结构紧凑等优点。但组合式曲轴毛坯的制造和机械加工比整体式曲轴简便得多。

1.3.1 工艺准备

曲轴在高速运转时,受周期性的弯曲力矩、扭转力矩等作用,要求其具有高的强度、刚度及冲击韧度,同时要有较好的耐磨性、耐疲劳性。因此,曲轴除有较高的尺寸精度、几何精度和较小的表面粗糙度值要求之外,还有下列基本技术要求:

1)钢制曲轴毛坯须经锻造,以使晶粒细化,并使金属纵向纤维按最有利的方向排列,从而提高曲轴的强度。

2)钢制曲轴应进行正火或调质处理,各轴颈表面做淬火处理。球墨铸铁曲轴也应进行正火处理,以消除内应力,改善力学性能,同时提高曲轴的强度和耐磨性。

3)曲轴不准有裂纹、气孔、夹砂、分层等铸造和锻造缺陷。

4)曲轴的轴颈与轴肩之间的连接圆角应光洁圆滑,不准有压痕、凹痕、磕碰拉毛、划伤等现象。

5)曲轴精加工后,应进行超声波(或磁性)探伤和动平衡,以确保其在高速运转时安全、平稳。

1.3.2 六拐曲轴加工工艺过程

在车床上车削曲轴,主要是对主轴颈和曲拐轴颈进行车削。

1. 主轴颈的车削

对主轴颈的两端面划线后,可在卧式铣镗床上铣削或镗削,也可以在粗车两端工艺用主轴颈后用中心架支承车削。粗车主轴颈外圆时，为提高装夹刚性，可使用单动卡盘夹住一端，另一端用回转顶尖支承，但必须在卡盘上加平衡块进行平衡，以保证车削时的平稳性。精加工时，工件必须装夹在两顶尖间，以保证各级主轴颈的同轴度。粗车时的两端中心孔可在铣镗床上铣削或镗削端面时钻出，也可以在划线后用电钻钻出，但必须留出重钻中心孔的余量。

2. 曲拐轴颈的车削

加工后的曲拐轴颈轴线应与主轴颈轴线平行，并保证要求的偏心距，同时，各曲拐轴颈之间应满足一定的角度位置关系。因此，要确定各曲拐轴颈轴线的正确位置，主要问题就是选择合适的装夹方法。根据曲轴的结构特点，常用的装夹方法有以下几种。

（1）用两顶尖装夹 如果曲拐轴颈偏心距 $R \leqslant d/2$（d 为主轴颈或连接盘直径），并有钻中心孔位置，可将曲拐轴颈的中心孔钻在主轴颈（或连接盘）中心孔的同一端面上，然后以各中心孔定位，将曲轴装夹于两顶尖之间，分别粗、精车曲拐轴颈和主轴颈，并车去两端面上的偏心中心孔。这种方法定位、装夹方便，曲拐轴颈对主轴颈的位置精度和偏心距精度由两端偏心中心孔来保证。当曲拐轴颈偏心距 $R > d/2$，但偏心距不大时，也可在两端预留工艺端部，钻出曲拐轴颈中心孔。

（2）一夹一顶装夹 当曲轴直径较大、曲拐轴颈偏心距不大时，可采用一夹一顶的装夹方法（图1-31）。即把卡盘装夹在花盘面上，使卡盘轴线与主轴轴线间的距离等于曲拐轴颈偏心距。车削时，先在两端面上钻出主轴颈中心孔，装夹在两顶尖间粗加工主轴颈 d_1、两端基准主轴颈 A 和 B、连接盘直径及其加长部分。然后在连接盘加长部分的端面上钻出各曲拐轴颈的中心孔。用卡盘夹住主轴颈 d_1，顶尖顶住偏心中心孔，曲拐轴颈的周向分度及其与主轴颈的平行度由端面上的偏心中心孔，以及用指示表找正两端基准主轴颈 A、B 轴线的同轴度来保证。

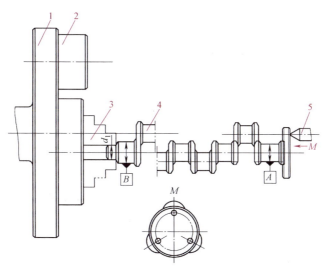

图 1-31 一夹一顶装夹曲轴
1—花盘 2—平衡块 3—卡盘 4—曲轴 5—尾座顶尖

采用上述装夹方法加工曲拐轴颈，由于卡盘的制造误差和卡爪的装夹误差都较大，对于精度要求较高的曲轴，要达到图样要求较困难。此时，可以使用可调偏心距的偏心卡盘装夹工件，由偏心卡盘和端面上偏心孔的装夹精度来保证曲拐轴颈之间及其与主轴颈的相互位置。

图 1-32 所示的偏心卡盘主要由卡盘座 1 和偏心卡盘体 4 组成。卡盘座 1 可用螺钉固定在车床主轴连接盘上，偏心卡盘体 4 与卡盘座 1 的燕尾槽相互配合。偏心卡盘体上有一个对开式轴承座 3，曲轴的主轴颈夹紧在轴承座中，曲轴的偏心距用丝杠 2 调整，并可在测头 7 和 8 之间进行测量。偏心距调整好后，用四只 T 形螺钉 5 紧固。

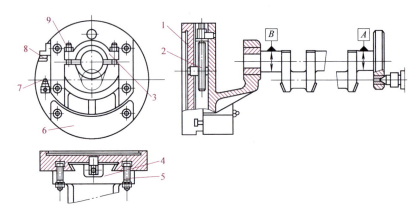

图 1-32　用偏心卡盘装夹车削曲拐轴颈

1—卡盘座　2—丝杠　3—轴承座　4—偏心卡盘体　5、9—螺钉　6—平衡块　7、8—测头

装夹时，曲轴以主轴颈 d_1 工艺尺寸定位于开式轴承座 3 上，连接盘加长部分端面上任一偏心中心孔与顶尖配合，用指示表找正两端基准轴颈 A、B 轴线同轴后，用螺钉 9 紧固，即可车削曲拐轴颈。当一个方向的曲拐轴颈车削完后，松开轴承座 3 上的螺钉 9，用中心架托住靠近尾座处轴颈，松开尾座顶尖，转动工件，使顶尖顶住另一偏心中心孔，找正后再紧固螺钉 9，即可车削另一拐的曲拐轴颈。

用这种方法装夹曲轴比用两顶尖装夹刚度高得多，并且可对偏心距进行调整，通用性好。

(3) 用偏心夹板装夹　对于偏心距较大，无法在两端面上钻偏心中心孔的曲轴，可在经过加工的曲轴两端主轴颈上（直径应留有余量的工艺尺寸）安装一对圆形偏心夹板来加工。偏心夹板上钻有分度很精确的中心孔，装在曲轴上代替曲轴的偏心中心孔，加工原理与在工件端面上钻偏心中心孔车削曲轴相同。

偏心夹板装上后，要保证各曲拐轴颈都有足够的加工余量，因此，装夹偏心夹板后必须进行找正。找正偏心夹板的方法如图 1-33 所示。先将工件放在测量平板上的等高 V 形架 2 和 4 中，两端套上的偏心夹板 1 和 5，用游标高度划线尺 3 根据偏心夹板上的偏心中心找出工件各曲拐轴颈的中心，并保证各曲柄颈都有一定的加工余量，然后紧固偏心夹板。

偏心夹板仅靠螺钉的摩擦力支紧在工件上是不够牢固的，在两端主轴颈上应留有一定的加工余量，可在支紧螺钉孔中配钻一个凹孔，以保证偏心夹板在车削过程中不会移位。找正两端偏心夹板上偏心孔的同轴度时，应注意以下两点：

1) 由于两块偏心夹板上的偏心孔有制造误差，因此，偏心孔中心线夹角和偏心距有大有小，不可能完全相同。但在找正时，应使两块偏心夹板上偏心夹角大的（或小的）同向，

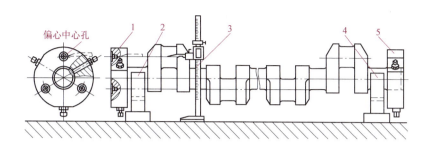

图 1-33 用偏心夹板装夹车削曲拐轴颈
1、5—偏心夹板 2、4—等高 V 形架 3—游标高度划线尺

这样可以使各偏心孔的同轴度误差为最小平均误差。

2）使用检验棒找正两端偏心夹板上偏心孔的同轴度时，应在曲轴主轴颈中心高度或其附近找正偏心孔的测量位置，不能在最高处或其附近的偏心孔上找正，如图 1-34a 所示。圆心 O 为曲轴主轴颈轴心，R 为曲拐轴颈的偏心距，d 为检验棒直径，A 为主轴颈轴心到平板的距离。当在最高处附近测得两端偏心夹板上偏心孔中的检验棒与平板间的距离都为 H 时，可能是两端偏心孔夹角误差 $\Delta\theta$ 对称分布于主轴颈垂直轴线两侧，也可能是两端偏心孔中心线同轴，没有夹角误差（$\Delta\theta=0°$），因此无法确定两端偏心孔相互位置的真实情况。即使能测出夹角误差，但测量误差往往是很大的，因此，只能在主轴颈中心高 A 附近测得两端偏心夹板上偏心孔中的检验棒与平板间的距离 H_1 和 H_2，两者的高度差为 ΔH，此时两端偏心孔的夹角误差 $\Delta\theta$ 只有一个，而且可以通过图示几何关系求得。

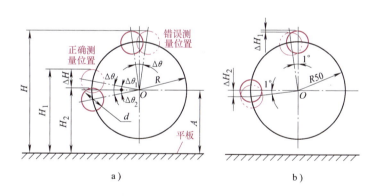

a) b)

图 1-34 夹角误差分析图

设 $\Delta\theta_1$ 和 $\Delta\theta_2$ 分别为两端检验棒轴线和主轴颈轴线连线与主轴颈水平轴线间的夹角，则

$$\sin\Delta\theta_1 = \frac{H_1 - A - \dfrac{d}{2}}{R}, \quad \sin\Delta\theta_2 = \frac{A - H_2 + \dfrac{d}{2}}{R}$$

如图 1-34b 所示，当两端偏心夹板上偏心孔中心线的夹角误差 $\Delta\theta = 1°$ 时，检验棒在最高处和中心高处的高度差 ΔH_1 和 ΔH_2 为

$$\Delta H_1 = 50\text{mm} - 50\text{mm} \times \cos 1° = 0.0076\text{mm}$$

$$\Delta H_2 = 50\text{mm} \times \sin 1° = 0.8726\text{mm}$$

从计算结果可以看出，ΔH_1 的值很小，需要用分度值为 0.001mm 的指示表测量。在受到读数、测量误差等的轻微影响后，再利用它来计算两端偏心孔中心线的夹角误差 $\Delta \theta$，$\Delta \theta$ 就会有较大变化。而 ΔH_2 的值较大，读数、测量误差等对计算两端偏心孔中心线的夹角误差 $\Delta \theta$ 的影响很小。例如，当两端检验棒的读数差 $\Delta H_2 = 0.05\text{mm}$ 时，$\theta = 3'26''$，可以忽略不计，因此找正精度较高。

为了便于装夹和找正曲拐轴颈，可在偏心夹板下面设计一个辅助基准面，如图 1-35 所示。工件可直接装夹在偏心夹板中，找正时，在曲柄颈下面垫上支承块，用游标高度划线尺根据偏心夹板的偏心中心找出工件各曲拐轴颈的中心。对于已粗加工过的曲轴，也可以将预先计算好的量块组垫在曲轴下面来找正曲拐轴颈的轴线。为了防止车削过程中工件主轴颈在偏心夹板孔中出现位移，同时不使工件表面被螺钉头部顶伤和拉毛而造成偏心夹板不易卸下等现象，可通过垫块来紧固工件。

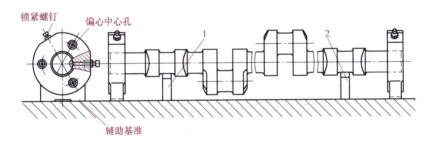

图 1-35 有辅助基准的偏心夹板
1、2—支承块

（4）用专用夹具装夹　大批量生产时，曲轴可装夹在专用偏心夹具上车削曲拐轴颈。图 1-36 所示为车削六拐曲轴时的一种专用偏心夹具。

曲轴连接盘端面上有六个孔，其中心线距正好是曲拐轴颈与主轴颈的偏心距。因此，取其三个孔（相隔 120°）对曲拐轴颈轴线的位置度有一定工艺要求，在夹具上可以用于车削曲拐轴颈时的分度，夹具的装夹及使用方法如下：

1）把分度板 10 装在花盘面上（此时花盘面应车一刀），用指示表找正分度板 10 上三个工艺孔中任意一个孔的中心线，使其与机床主轴回转轴线的同轴度误差不大于 0.01mm，然后用四只内六角圆柱头螺钉 13（其中两只为圆柱定位螺钉）紧固分度板于花盘面上。

2）工件以连接盘外圆及端面为定位基准，装于分度板 10 定位孔内（其配合精度为 $\dfrac{H7}{h6}$），削边销 8 使工件曲拐轴颈轴线与机床主轴轴线同轴。

3）在尾座套筒圆锥孔内装入支承轴 4，把偏心夹板 2 装在支承轴 4 上，为防止夹板内孔与支承轴外圆磨损和咬毛，在偏心夹板孔内压入一铜衬套 5，铜衬套内孔与支承轴外圆为小间隙配合。最好在铜衬套孔内车两条内沟槽，以储藏润滑油。

4）装上工件后，使工件处于图 1-36 所示位置，使连接盘上三个工艺定位孔中的任意一个孔与分度板 10 上的定位孔对齐，插入削边销 8，用三个六角头螺钉将曲轴固定在分度板

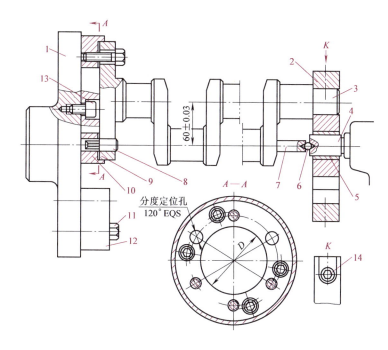

图 1-36 用专用偏心夹具车削曲拐轴颈

1—花盘 2—偏心夹板 3—工件 4—支承轴 5—铜衬套 6—钢球 7—支承杆 8—削边销
9—橡胶垫 10—分度板 11—六角头螺钉 12—平衡块 13、14—内六角圆柱头螺钉

上。然后用内六角圆柱头螺钉 14 支紧轴颈，由于仅靠一只螺钉的摩擦力支紧工件不够牢固，因此可在轴颈上按支紧螺钉孔用电钻配钻一个凹孔，应保证轴颈有足够的精车余量，以确保工件在车削（特别是粗车）过程中不会移位。

5) 为防止车削曲拐轴颈时支承轴 4 向外移动，可用支承杆 7 顶住，为保证支承杆的正常作用，可在支承杆和支承轴的端面中心孔中间放入一粒钢球 6。

6) 曲轴连接盘在分度板上的定位是两销一面的完全定位，如果再在尾座处定位，则是过定位，由于分度板定位面与连接盘端面对车床主轴轴线都存在着垂直度误差，如果按长径比放大到尾座处的轴颈上，则当连接盘被紧固在分度板上后，再用内六角圆柱头螺钉 14 紧固轴颈时，不是曲轴产生变形，就是铜衬套 5 与支承轴 4 之间被别住。因此，在工艺上必须采取相应措施：一是减小分度板内肩圆与肩平面及工件连接盘外圆与端面的垂直度误差；二是在分度板与连接盘的定位面之间放一片 0.5mm 厚的橡胶垫 9，靠它来补偿分度板和连接盘上各自的垂直度误差。

3. 主轴颈和曲拐轴颈的滚压

曲轴主轴颈及曲拐轴颈的表面粗糙度值一般较小，因此，一般精车后应采用滚压工具进行滚压，以进一步减小表面粗糙度值和提高硬度。

滚压加工是一种压力光整加工，它利用金属在常态下的冷塑性特点，使用专门的滚压工具对工件表层施加一定压力，使工件表层金属产生塑性流动。其结果是将工件表面原始残留下的凸起的微观波峰压平，使其填入凹下的微观波谷内，从而改变表面微观波峰的分布状况，使表面粗糙度值减小。同时，滚压后的表面硬度相应提高，因此对工件的工作性能，如疲劳强度、耐磨性和耐蚀性都有显著改善。有条件的工厂也可以使用曲轴磨床对主轴颈和曲拐轴颈进行磨削加工。

1.3.3 防止曲轴加工时变形的方法

由于曲轴形状复杂、刚性差，车削时容易产生变形和振动，因此车削时应采取一些工艺措施。

1. 用支承螺栓或凸缘压板增加装夹刚性

当两连接板间的距离不大时，可用螺栓来支承，如图 1-37a 所示；当两连接板内侧面为斜面、圆弧面或球面时，可用一对夹板夹紧连接板，如图 1-37b、c 所示。在使用支承物和

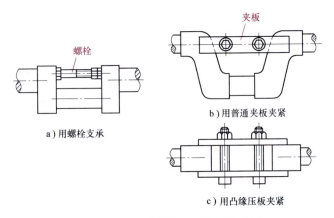

图 1-37 防止曲轴加工时变形的方法

夹板时，最好用指示表监测轴颈和连接板处，以防止由于支承力、夹紧力过大等原因而使工件产生变形。应根据曲轴的结构特点选用上述方法，可以单独使用，也可同时使用。

2. 使用中心架支承增加装夹刚性

当曲轴长径比较大时，可以在主轴颈和曲拐轴颈同轴的轴颈上直接使用中心架，以提高装夹刚性，但应防止轴颈表面被拉毛、划伤。当某个被加工轴颈两侧近距离内没有同轴轴颈可供中心架支承时，可使用中心架偏心过渡套来提高装夹刚性，如图 1-38 所示。当曲拐轴颈处于图示车床主轴中心位置时，轴座盖 4 夹紧的工件为曲轴主轴颈。当主轴颈处于车床主轴中心位置时，轴座盖 4 夹紧的工件为曲拐轴颈。可调偏心套安装在曲轴轴颈上后，预先轻微拧紧六只螺钉 3，用于转动车床主轴，调节中心架支承爪 6，用指示表找正套筒 1 处外圆，再紧固各螺钉，便可以进行车削。

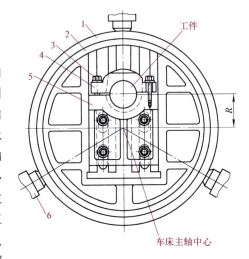

图 1-38 偏心过渡套
1—套筒　2—滑体　3—螺钉　4—轴座盖
5—可调轴座　6—中心架支承爪

1.3.4 曲轴的车削

曲轴的结构形式虽然基本相同，但因其尺寸大小、拐数多少、偏重程度和制造材料不尽相

同，造成曲轴结构的复杂程度和刚度有很大差异，因此，选择曲轴的车削方法时，应根据曲轴的具体形状、尺寸、精度、材质及生产类型等因素做如下考虑：

1) 对零件图进行加工工艺分析，明确加工要求和车削中的难点及需要注意的问题。

2) 正确选择曲轴的装夹方法，确定提高车削曲轴轴颈的刚度及防止曲轴变形的支承措施和所使用的刀具等。

3) 六拐曲轴的轴向尺寸多，当轴向尺寸设计基准无法作为测量基准时，应把轴向设计尺寸链换算成便于测量的轴向工艺尺寸链，通过尺寸链来控制尺寸精度。

4) 选用重心低、刚度高、抗振性好的车床，并适当调整车床的主轴轴承、床鞍、滑板的间隙，提高加工刚度。开机前检查调整好配重。

5) 粗车各轴颈的先后顺序，主要是考虑生产率，因此，一般遵守先粗车的轴颈对后车削的轴颈加工刚度降低较少的原则。

6) 精车各轴颈的先后顺序，主要是考虑车削过程中曲轴的变形对加工精度的影响。因而，一般遵守先精车加工中最容易产生变形的轴颈，最后精车对曲轴变形影响最小的轴颈的原则。

7) 使用指示表控制背吃刀量，精车连接板间轴颈。由于车削连接板间轴颈的外径是在轴颈中间进刀的，不能一次进给车削轴颈全长，需要接刀；又因为连接板做偏心转动，不能近距离仔细观察进刀、试切等情况。因此，需要借助指示表来控制进刀和接平外径。

8) 采用偏心夹板装夹时，分度中心孔位置必须精确，两块偏心夹板内孔距辅助基准面的高度要相等。粗车曲轴轴颈时，应按偏心距找正各曲轴轴颈中心，防止加工余量不均匀或车不圆。对已粗车过的曲轴，可以用预先计算好的量块来找正。

1.3.5 精度检测与误差分析

1. 外肩圆的检测

由于轴肩长度大，同时与相邻外圆的直径差值又很大，因此用外径千分尺检测时，会使工件肩平面与千分尺测微螺杆处尺身相碰，使测微螺杆无法接触被测表面。故测量时可在测微螺杆与被测表面间垫入一块适当厚度的量块，使测微螺杆与被测表面接触。测量后的读数值只要减去量块的尺寸，就是外肩圆的实际尺寸。

2. 长度尺寸的检测（应在两端工艺定位头未车去时检测）

这里的长度尺寸是曲拐轴颈长度的中点与外圆左端面之间的距离。用常规长度量具是无法检测的，需要自制一些简单的辅助量具进行测量，方法如下：

1) 用分度值为 0.02mm 的游标卡尺（或量块组）测量出曲拐轴颈长度的实际尺寸。根据实测尺寸的二分之一做一块辅助量块（见图 1-39a 中的尺寸 L）及长度量棒（图 1-39b）。

2) 把工件装夹在机床两顶尖之间，为防止工件弯曲变形，可在中间主轴颈处用中心架托住，并使曲拐轴颈处于水平位置。

3) 将分度值为 0.01mm 的杠杆指示表装在方刀架上，使测头接触外圆端面，并调整指针至零位。同时，在床鞍指示表固定装置上装一分度值为 0.01mm 的钟面式指示表，并在机床导轨上安装定位装置，使定位装置平面与指示表接触，调整指针至零位。

4) 向尾座方向移动床鞍，在指示表与定位装置之间放入量棒（图 1-40），并使指示表指针在零位。同时在曲拐轴颈上放入辅助量块，使缺口面紧靠曲轴轴颈左肩面。移动刀架，使

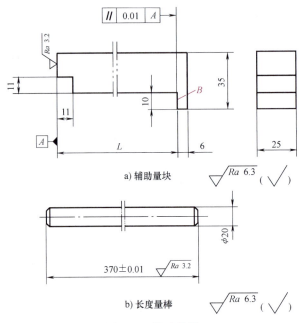

a) 辅助量块

b) 长度量棒

图 1-39 辅助量具

杠杆指示表测头接触辅助量块的端面 B（图 1-39），若指示表指针在对应值间摆动，则说明尺寸误差在公差范围内。

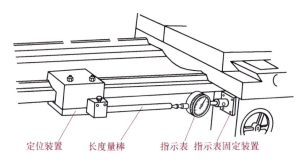

图 1-40 用定位装置及量棒测量长度尺寸

3. 曲拐轴颈轴线与基准主轴颈轴线间距离（即偏心距）的检测

把曲轴两端主轴颈置于平板上的等高 V 形架上，用指示表及游标高度卡尺配合测量，如图 1-41 所示。测量时转动工件，用指示表找出曲拐轴颈的最高点，固定工件。同时测量出主轴颈及曲拐轴颈表面最高点与平板面间的距离，以及主轴颈及曲拐轴颈的直径尺寸，则曲拐轴颈与主轴颈间的偏心距为

$$R = H - \frac{d_1}{2} - h + \frac{d}{2} \tag{1-3}$$

式中 R——曲拐轴颈偏心距（mm）；

H——曲拐轴颈表面最高点与平板面间的距离（mm）；

h——主轴颈表面最高点与平板面间的距离（mm）；

d——主轴颈实际尺寸（mm）；

d_1——曲拐轴颈实际尺寸（mm）。

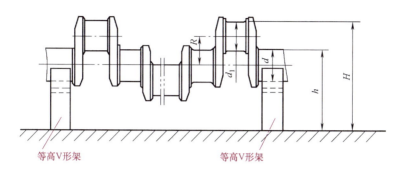

图 1-41　曲拐轴颈至主轴颈偏心距的测量

若测得 $H = 592.61\text{mm}$，$h = 367.57\text{mm}$，$d = 224.98\text{mm}$，$d_1 = 224.99\text{mm}$。根据式（1-3）可得

$$R = 592.61\text{mm} - \frac{224.99\text{mm}}{2} - 367.57\text{mm} + \frac{224.98\text{mm}}{2} = 225.035\text{mm}$$

说明偏心距误差在公差范围内。

4. 曲拐轴颈轴线间夹角误差的检测

夹角误差的检测是曲轴质量检查中的主要内容，常用的测量方法有以下两种。

（1）用垫量块的方法测量夹角误差　如图 1-42 所示，把曲轴安放在一对等高 V 形架上，用指示表找正两端基准主轴颈轴线与测量平板面平行（图 1-42a），再测量主轴颈表面最高点到平板面距离 A 的数值。然后在一个曲拐轴颈下面垫上一组高度为 h 的量块（图 1-42b），使曲拐轴颈中心和主轴颈中心连线与主轴颈水平轴线的夹角为 β。量块组的高度可按式（1-4）计算

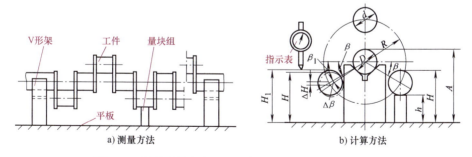

a) 测量方法　　　b) 计算方法

图 1-42　用垫量块的方法测量曲拐轴颈轴线间的夹角误差

$$h = A - \frac{1}{2}(D+d) - R\sin\beta \tag{1-4}$$

式中　h——量块组高度（mm）；

　　　A——主轴颈顶点到平板的距离（mm）；

　　　D——主轴颈直径实际尺寸（mm）；

　　　d——曲拐轴颈直径实际尺寸（mm）；

R——曲拐轴颈偏心距（mm）；
β——曲拐轴颈中心和主轴颈中心连线与主轴颈水平轴线的夹角（°）。

检测时，先用外径千分尺测量出两个曲拐轴颈的直径差 Δd，再用指示表测量出两个曲拐轴颈顶点的高度差 ΔH_1，然后计算曲拐轴颈轴线间的夹角误差。

$$\Delta\beta = \beta - \beta_1$$
$$\Delta H_1 = H_1 - H$$
$$\Delta H = \Delta H_1 \pm \frac{1}{2}\Delta d$$

若 $\Delta d = 0$，则 $\Delta H = \Delta H_1$，可得

$$\sin\beta = \frac{A - \frac{D}{2} - \frac{d}{2} - h}{R} = \frac{A - h - \frac{1}{2}(D+d)}{R} \tag{1-5}$$

$$\sin\beta_1 = \frac{A - h - \frac{1}{2}(D+d) - \Delta H}{R} = \frac{R\sin\beta - \Delta H}{R} \tag{1-6}$$

式中　$\Delta\beta$——曲拐轴颈轴线间的夹角误差（°）；
β_1——未垫量块处曲拐轴颈测量计算角（°）；
β——垫量块处曲拐轴颈测量计算角（°）；
ΔH_1——两个曲拐轴颈顶点的高度差（mm）；
H_1——未垫量块处曲拐轴颈顶点高度（mm）；
H——垫量块处曲拐轴颈顶点高度（mm）；
ΔH——两曲拐轴颈中心的高度差（mm）；
Δd——两曲拐轴颈的直径差（mm）；
h——量块高度（mm）。

式（1-6）是根据图 1-41b 中 $H_1 > H$ 的情况得出的计算公式。但在实际检测中，有时也会出现 $H_1 < H$ 的情况，因此应把 β_1 的计算公式修正为

$$\sin\beta_1 = \frac{R\sin\beta \pm \Delta H}{R} \tag{1-7}$$

由图 1-41b 可知，当 $\beta_1 > \beta$ 时，相关两曲拐轴颈轴线间的夹角减小；反之则增大。若测得主轴颈直径 $D = 224.98$mm，两曲拐轴颈直径 $d_1 = 224.99$mm、$d_2 = 224.98$mm，偏心距 $R = 225.035$mm，在 V 形架上测得主轴颈顶点到平板的距离 $A = 367.57$mm。首先根据式（1-4）计算量块组高度

$$h = 367.57\text{mm} - \frac{1}{2}(224.98\text{mm} + 224.99\text{mm}) - 225.035\text{mm} \times \sin30°$$
$$= 30.0675\text{mm} \approx 30.07\text{mm}$$

将高度为 30.07mm 的量块组垫入后，用指示表测得两曲拐轴颈顶点高度差 $\Delta H_1 = 0.15$mm。两曲拐轴颈直径差 $\Delta d = d_1 - d_2 = 224.99\text{mm} - 224.98\text{mm} = 0.01$mm，则两曲拐轴颈高度差为

$$\Delta H = \Delta H_1 + \frac{1}{2}\Delta d = 0.15\text{mm} + \frac{1}{2} \times 0.01\text{mm} = 0.155\text{mm}$$

根据式（1-6）得

$$\sin\beta_1 = \frac{225.035 \times \sin30° - 0.155}{225.035} = 0.4993$$

$$\beta_1 = 29°57'13''$$

$$\Delta\beta = \beta - \beta_1 = 30° - 29°57'13'' = 2'47'' < \pm15'$$

经检测，说明相关两曲拐轴颈轴线间的夹角误差为 $2'1''$，在 $\pm15'$ 角度公差范围内，分度合格。

（2）用分度头装夹测量夹角误差 如图 1-43 所示，把曲轴的一端主轴颈夹在分度头的自定心卡盘中，用可调 V 形架支承另一端主轴颈（图 1-43a），用指示表找正两基准主轴颈轴线使其与平板面平行。然后将第一个曲拐轴颈转到水平位置，用指示表及量块测量出其顶点与平板面间的高度值 H_1（图 1-43b）。继续转动分度头手柄，使分度头旋转至两曲拐轴颈轴线间夹角为 β，用同样的方法测量下一个曲拐轴颈顶点到平板面的高度值 H_2，则可计算得到

$$L_1 = H_1 - d_1/2$$
$$L_2 = H_2 - d_2/2$$
$$\Delta L = L_1 - L_2$$
$$\sin\Delta\beta = \frac{\Delta H}{R} \tag{1-8}$$

式中　d_1——曲拐轴颈 A 的实际尺寸（mm）；
　　　d_2——曲拐轴颈 B 的实际尺寸（mm）；
　　　L_1——曲拐轴颈 A 的中心高（mm）；
　　　L_2——转过 β 角后，曲拐轴颈 B 的中心高（mm）；
　　　$\Delta\beta$——曲拐轴颈 A 与 B 轴线之间的角度误差（°）；
　　　R——曲拐轴颈偏心距（mm）。

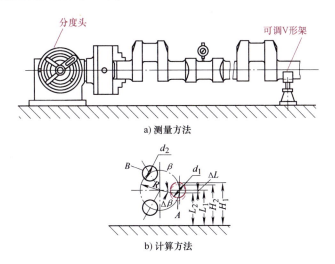

a）测量方法

b）计算方法

图 1-43　用分度头装夹测量曲轴两曲拐轴颈间的夹角误差

若测得曲拐轴颈 $d_1 = 224.99$mm、$d_2 = 224.98$mm，偏心距 $R = 225.035$mm。分度头把 d_1 转至水平位置时，测得高度 $H_1 = 400.285$mm，转动分度头手柄 $120°$ 使 d_2 处于水平位置时，测得高度 $H_2 = 400.12$mm。两曲拐轴颈间夹角误差的计算根据式（1-8）可得：

$$L_1 = 400.285\text{mm} - 224.99\text{mm}/2 = 287.79\text{mm}$$
$$L_2 = 400.12\text{mm} - 224.98\text{mm}/2 = 287.63\text{mm}$$
$$\Delta L = 287.79\text{mm} - 287.63\text{mm} = 0.16\text{mm}$$
$$\sin\Delta\beta = \frac{0.16}{225.035} = 0.00071$$

则 $\Delta\beta = 2'26'' < \pm15'$（分度合格）

由于分度头和自定心卡盘本身有较大的误差，自定心卡盘在分度头上还有安装定位误差，因此，测量计算的曲拐轴颈间夹角误差的精确性有时较差。当分度精度要求较高时，可用高精度分度头或精密分度板代替一般精度的分度头。

5. 曲拐轴颈轴线对两端基准主轴颈公共轴线平行度误差的检测

如图 1-44 所示，把工件两端基准主轴颈置于测量平板上的两等高 V 形架上，用指示表调整其轴线与平板面平行，V 形架沿上、下两条素线移动，并记录指示表读数差的一半。在 $0° \sim 180°$ 范围内按上述方法在若干个不同的角度位置上进行测量，如果各测量位置上测得的差值之半中的最大值不超过对应值，则说明平行度误差在公差范围内。

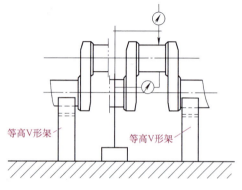

图 1-44 平行度误差的检测

1.3.6 技能训练——六拐曲轴的加工

加工图 1-45 所示的六拐曲轴，曲轴的材料为 45 钢，毛坯种类为自由锻造件，生产批量为小批量。

1. 曲轴的技术要求

1）两端 $\phi 225_{-0.029}^{0}$mm 主轴颈 B、C 为基准轴颈，其轴线间的同轴度公差为 $\phi 0.03$mm。

2）其余 $5 \times \phi 225_{-0.029}^{0}$mm 主轴颈轴线对两基准轴颈 B、C 轴线的同轴度公差为 $\phi 0.05$mm。

3）$6 \times \phi 225_{-0.029}^{0}$mm 曲拐轴颈轴线对两基准轴颈 B、C 轴线的平行度公差为 $\phi 0.05$mm。

4）24 处主轴颈及曲拐轴颈肩平面对基准轴颈 B、C 轴线的轴向圆跳动公差为 $\phi 0.03$mm。

5）两曲拐轴颈中心点间长度尺寸为 (480 ± 0.15)mm。

6）左端连接盘外径为 $\phi 360_{-0.035}^{0}$mm，肩圆尺寸为 $\phi 350_{-0.035}^{0}$mm，端面上有 $8 \times \phi 28_{0}^{+0.021}$mm 孔。

7）右端连接盘外径为 $\phi 415_{-0.04}^{0}$mm，肩圆尺寸为 $\phi 250_{-0.029}^{0}$mm，端面上有 $8 \times \phi 35_{0}^{+0.025}$mm 孔。

项目 1 轴类工件加工

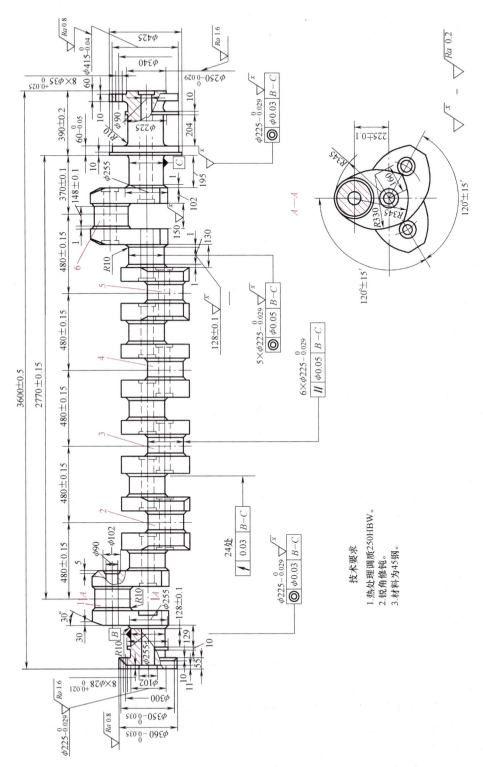

图 1-45 六拐曲轴

8) 主轴颈和曲拐轴颈的偏心距为 (225±0.1)mm。

9) 主轴颈和曲拐轴颈的表面粗糙度值为 $Ra0.2\mu m$。

10) 曲拐轴颈轴线间互成夹角 120°±15′。

2. 曲轴的工艺分析

此曲轴的形状结构复杂、精度要求高，由于是小批量生产，一般是在卧式车床上车削，但需要制造一些简单、可靠的工夹具，依靠技艺精湛的操作人员来完成加工。根据曲轴的结构和要求，其工艺分析如下：

1) 毛坯是自由锻造件，曲轴的扇板一般不锻出，为了减少车削加工余量，工序中应安排在钻床上钻出排孔，去除多余毛坯余量。

2) 曲轴锻造后应安排正火处理工序，以消除锻造应力及改善力学性能。

3) 车削曲拐轴颈时，可使用偏心夹具进行装夹，其结构如图 1-46 所示。偏心体 7 用定位轴 4 定位（定位轴外圆最好在本车床上与花盘面一起车出，以减少装夹误差），并用四个螺钉固定在花盘 5 的平面上。偏心体 7 上偏心孔与定位孔的中心距（$R = 225mm \pm 0.05mm$）即为工件 11 曲拐轴颈的偏心距。分度盘 9 的一端轴颈与偏心体 7 的上偏心孔配合，并用 M24 六角头螺钉 8 固定，分度盘 9 上带有三个相互间夹角为 120° 的圆锥孔，它与偏心体 7 上的圆锥孔配钻、铰。装夹时插入圆锥销 6 用于分度定位。工件以右端外肩圆 $\phi 250_{-0.029}^{0}$mm 工艺尺寸 $\phi 255_{-0.029}^{0}$mm 与分度盘 9 的另一端内肩圆 $\phi 255_{0}^{+0.042}$mm 相配合，用 M24 六角头螺钉 10 紧固（其中两只是圆柱定位螺钉）。

车床尾座端装有相应的偏心体 14，为了装卸工件方便，用对分式轴座夹紧。偏心体 14 的定位孔内镶有铜衬套 15，与尾座套筒 17 保持间隙配合。偏心体 14 上的定位孔至偏心孔的中心距应与偏心体 7 上的定位孔至偏心孔的中心距相等，连接体 12 的右端定位轴颈紧固在偏心体 14 的对分轴座内，另一端内肩圆 $\phi 230_{0}^{+0.046}$mm 和工件 11 的左端 $\phi 225_{-0.029}^{0}$mm 工艺尺寸 $\phi 230_{-0.029}^{0}$mm 相配合，用 M24 六角头螺钉紧固（其中也有两只是圆柱定位螺钉）。

找正工件时，把指示表座固定在中滑板上，找正偏心体 7、14 的侧平面处于同一平面内（偏心体上的偏心孔与定位孔连接轴线应与侧平面平行并对称），然后用螺钉 13 紧固偏心体 14 上盖，使连接体 12 的轴颈紧固在偏心孔内后即可车削曲拐轴颈。当第一个方向的两个曲拐轴颈车好后需要分度时，先拔出圆锥销 6，卸下螺钉 8 并松开偏心体 14 上的夹紧螺钉 13。转动工件和分度盘 9（转过 120°），将圆锥销 6 插入下一个分度圆锥孔内，紧固螺钉 8，然后找正偏心体 7、14 的侧平面处于同一平面内，并紧固偏心体 14 上的螺钉 13，即可车削第二个方向上的两个曲拐轴颈。

4) 车削过程中，必须注意曲轴的平衡并进行仔细的调整，以保证各轴颈的几何形状精度。

5) 调质处理工序安排在粗车主轴颈之后进行。轴颈和扇板要留有足够的加工余量，以防止因变形而造成加工余量不够。

6) 影响曲轴使用寿命的因素之一是 $5 \times \phi 255_{-0.029}^{0}$mm 主轴颈轴线对两端基准轴颈 B、C 公共轴线的同轴度误差，以及各轴颈两边与轴肩连接处的 26 个圆角 $R10$mm。因此，必须保证它们的加工质量。

7) 精车主轴颈和曲拐轴颈及其两侧圆角时，切削速度应相同，否则由于惯性影响，会造成接刀不平。

项目1 轴类工件加工

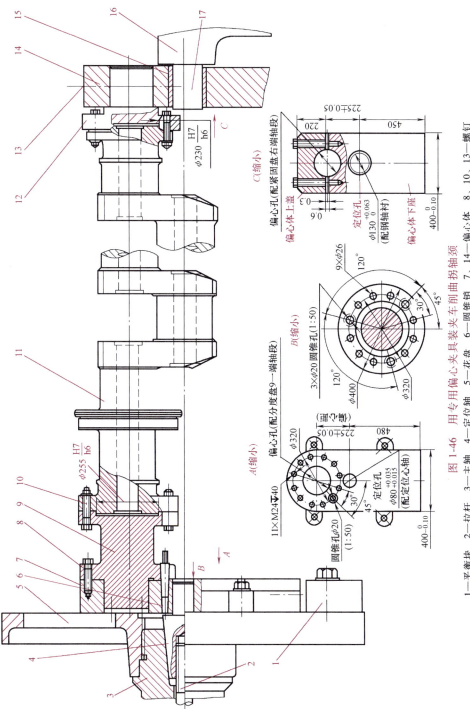

图1-46 用专用偏心夹具装夹车削曲拐轴颈

1—平衡块 2—拉杆 3—主轴 4—定位轴 5—花盘 6—圆锥销 7、14—偏心体 8、10、13—螺钉 9—分度盘 11—工件 12—连接体 15—铜衬套 16—尾座 17—尾座套筒

8）车削曲拐轴颈时，连接板的回转直径是 397.5mm（即 397.5mm = 225mm + cos60°× 345mm），因此，所使用车床的最大工件回转直径在床鞍刀架上应大于 400mm。

9）提高车削轴颈时的刚度，防止车削时产生变形和振动的工艺措施如下：

① 车削主轴颈时，在六个曲拐轴颈开档处，可用材质较硬的木块、木棒支承（图 1-47），以提高曲轴的加工刚度。半精车或精车支承时，最好在曲轴上用指示表监测，以防止由于支承力、夹紧力过大等原因而产生变形。

② 车削曲轴轴颈及扇形板开档时，为了增加装夹刚度，使用中心架（或可调偏心套）支承，这有助于减小曲轴轴颈的圆度误差。

③ 车削曲轴时，由于车刀伸出刀架很长，如图 1-48 所示，刀具刚度很差，会产生强烈的振动，甚至会使车削无法进行。为此，可在刀头底面预先钻出一个凹坑，借助中滑板用调节螺钉和螺母做辅助支承顶在车刀凹坑上，从而提高车刀的使用刚度。这种方法很适用于单件小批量生产。

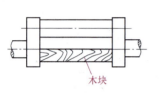

图 1-47 用木块支承提高曲轴加工刚度

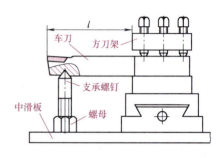

图 1-48 辅助支承车刀

3. 曲轴的机械加工工艺过程

采用图 1-46 所示的装夹方法小批量加工六拐曲轴（图 1-45）的机械加工工艺过程见表 1-3。

表 1-3 六拐曲轴的机械加工工艺过程

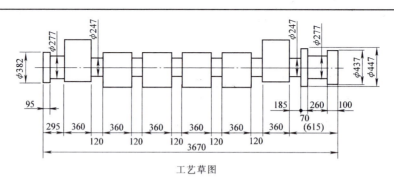

工艺草图

工序	工种	工序内容	备注
1	锻	锻造毛坯	
2	热处理	毛坯正火处理	
3	钳	1）划两端主轴颈中心孔线 2）划两端面尺寸线 3670mm（见工艺草图）	

(续)

工序	工种	工序内容	备注
4	镗	将工件装夹在台面上,找正,二次装夹,按工艺草图加工 1)铣镗两端面,尺寸为3670mm 2)两端面钻中心孔 ϕ8mm	
5	车	按工艺草图粗车 用单动卡盘夹住 ϕ437mm 毛坯外圆,一端顶住,二次装夹 1)车外圆 ϕ382mm 至尺寸,控制尺寸 295mm 2)车外圆 ϕ277mm 至尺寸,控制尺寸 95mm 调头,另一端夹住,另一端顶住 3)车外圆 ϕ447mm 至尺寸 4)车外圆 ϕ437mm 至尺寸 5)车轴颈 ϕ277mm 至尺寸,控制尺寸 100mm、260mm 6)车各主轴颈 ϕ247mm 至尺寸,控制尺寸 6×360mm、5×120mm、185mm、70mm	
6	钳	在曲拐坯上划曲拐轴颈和扇板开档线,留加工余量14mm,见右侧工艺草图	
7	钻	按划线在曲拐轴颈和扇板开档处钻排孔,去除曲拐轴颈和扇板开档处多余毛坯料	
8	热处理	调质 250HBW	
9	车	一端夹住,另一端用中心架支承,二次装夹 1)车两端面,取对总长尺寸(3600±0.5)mm,两端余量应均匀车去 2)钻两端中心孔 ϕ8mmB 型,将工件装夹在两顶尖间,用中心架做辅助支承 3)车 R345mm 连接板圆弧至尺寸 4)车 30°斜面,尺寸应去除放精车余量 5)车各主轴颈两侧肩圆 ϕ255mm×130mm 至 ϕ230mm×125mm 6)车外圆 ϕ425mm、ϕ415mm、ϕ255mm,均留精车余量 5~6mm,各端面留加工余量 1~1.5mm 7)车肩圆 $\phi 250_{-0.029}^{0}$mm×10mm 至 $\phi 225_{-0.029}^{0}$×9mm(备偏心夹具定位用) 调头,工件装夹于两顶尖间,用中心架做辅助支承 8)车各级主轴颈 $\phi 225_{-0.029}^{0}$mm×128mm 至 ϕ231mm×125mm 9)车外圆 $\phi 360_{-0.035}^{0}$mm、ϕ350$_{-0.035}^{0}$mm、ϕ255mm,均留精车余量 5~6mm,各端面留精车余量 1~1.5mm 10)车肩圆 $\phi 225_{-0.029}^{0}$mm×10mm 至 $\phi 230_{-0.029}^{0}$mm×9mm(备偏心夹具定位用)	可从主轴端逐级向尾座方向车削
10	钳	划线 1)根据曲轴两端两个曲拐轴颈毛坯中心,在曲轴两端面上划与主轴中心的连线 2)划两端面上的 $8×\phi 35_{0}^{+0.025}$mm、$8×\phi 28_{0}^{+0.021}$mm 位置线	保证各曲拐轴颈的余量均匀

工序	工种	工序内容	备注
11	镗	工件置于台面上的两V形架(其中一V形架是可调的)中,找正主轴颈在垂直面与水平面内对镗床主轴回转轴线平行,二次装夹 1)钻 $8\times\phi35^{+0.025}_{0}$ mm 孔至 $\phi26$ mm,其中两孔扩、铰至 $\phi26$H7($^{+0.021}_{0}$),备夹具定向用 2)各孔口倒角 3)调头,钻 $8\times\phi28^{+0.021}_{0}$ mm 至 $\phi26$ mm,其中两孔扩、铰至 $\phi26$H7($^{+0.021}_{0}$),备夹具定向用 4)各孔口倒角 $C0.5$	
12	车	工件以两端 $\phi250^{0}_{-0.029}$ mm、$\phi225^{0}_{-0.029}$ mm 肩圆工艺尺寸定位、以各 $2\times\phi26$H7 孔定向,装在偏心夹具中(见图1-46),参照右侧工艺草图 1)车底面圆弧 $R345$ mm 至尺寸 2)车曲拐轴颈 $2\times\phi225^{0}_{-0.029}$ mm 至 $\phi231$ mm,扇板开档各面留精车余量 $1\sim1.5$ mm 分别回转偏心夹具 $120°$ 3)车削第二、第三个方向上的底面圆弧 $R345$ mm,以及曲拐轴颈 $2\times\phi225^{0}_{-0.029}$ mm 至 $\phi231$ mm,扇形板开档各面留精车余量 $1\sim1.5$ mm	
13	镗	工件置于台面上的两V形架(其中一V形架是可调的)中,找正主轴颈轴线在垂直平面与水平平面内对机床主轴回转轴线平行,二次装夹 1)钻、镗主轴颈和曲拐轴颈处 $\phi90$ mm 孔至尺寸 2)镗台阶孔 $\phi102$ mm$\times5$ mm、$\phi102$ mm$\times11$ mm 至尺寸 3)孔口倒角 $C0.5$ 工艺要求:主轴颈两端 $\phi90$ mm 孔镗至 $\phi90.5^{+0.035}_{0}$ mm,深度大于 80 mm,表面粗糙度为 $Ra1.6$ μm,备压工艺定位头用	
14	车	工件以两端 $\phi250^{0}_{-0.029}$ mm、$\phi225^{0}_{-0.029}$ mm 肩圆工艺尺寸定位,以各 $2\times\phi26$H7 孔定向,装在偏心夹具上,参照右侧工艺草图,三次装夹 车连接板两侧 $R330$ mm 圆弧面至尺寸(每次装夹可车削四档曲拐轴颈的一侧圆弧)	偏心夹具的使用原理与图1-39所示夹具相似

(续)

工序	工种	工序内容	备注
15	钳	把工艺定位头装入两端孔内	
16	车	一端夹住,另一端用中心架支承,两次装夹 1)钻两端中心孔 $\phi 8mm$ B 型 将工件装夹在两顶尖间 2)车 $\phi 225_{-0.029}^{0}mm$ 肩平面 0.5mm,以提高工件在偏心夹具中的定位精度 3)车 $\phi 225_{-0.029}^{0}mm$ 各主轴颈至 $\phi(229\pm 0.1)mm$,备中心架支承时装偏心套定位用 4)调头,车 $\phi 250_{-0.029}^{0}mm$ 肩平面 0.5mm,以提高工件在偏心夹具中的定位精度	
17	车	工件以两端 $\phi 250_{-0.029}^{0}mm\phi 225_{-0.029}^{0}mm$ 肩圆工艺尺寸定位,以各 $2\times\phi 26H7$ 孔定向,装在偏心夹具上,主轴颈用偏心套中心架(图1-38)支承,参照右侧工艺草图 1)精车曲拐轴颈 $\phi 225_{-0.029}^{0}mm\times 148_{0}^{+0.1}mm\times R10mm$ 至 $\phi 225_{0}^{+0.02}mm\times 148_{0}^{+0.1}mm\times R10mm$ 2)精车轴颈两侧肩圆 $\phi 255mm$ 及连接板开档 150mm 至尺寸 3)用滚压工具对曲拐轴颈进行滚压,至尺寸 $\phi 225_{-0.029}^{0}mm$,分别回转偏心夹具 $120°$ 4)继续按上面的步骤车削第二个方向及第三个方向上的各曲拐轴颈、肩圆及连接板开档至尺寸	 由于工件回转时的惯性会影响曲拐轴颈的几何形状精度,因此主轴转速不宜过快,一般选用 $n=5\sim 6r/min$,用宽刃刀反装车削
18	车	工件装夹在两顶尖间,并用中心架支承 1)精车各级主轴颈 $\phi 225_{-0.029}^{0}mm\times R10mm$ 至 $\phi 225_{0}^{+0.02}mm\times R10mm$,控制尺寸 $(128\pm 0.1)mm$ 2)精车两侧 $\phi 255mm$ 各肩圆及连接板开档至尺寸 130mm 3)用滚压工具对主轴颈进行滚压至尺寸 $\phi 225_{-0.029}^{0}mm$ 4)精车外圆 $\phi 360_{-0.035}^{0}mm$、$\phi 350_{-0.035}^{0}mm$、$\phi 255mm$ 及肩圆 $\phi 225_{-0.029}^{0}mm$ 至尺寸,并控制各长度尺寸 调头,装夹在两顶尖之间 5)精车右端主轴颈 $\phi 225_{-0.029}^{0}mm\times R10mm$ 至 $\phi 225_{0}^{+0.02}mm\times R10mm$ 6)车 $\phi 225mm$ 肩圆及连接板面至开档尺寸 195mm,并控制尺寸 $(370\pm 0.1)mm$、$(390\pm 0.2)mm$ 7)用滚压工具滚压轴颈 $\phi 225_{-0.029}^{0}mm$ 至尺寸 8)精车外圆 $\phi 425mm$、$2\times\phi 415_{-0.04}^{0}mm$、$\phi 255mm$ 及肩圆 $\phi 225_{-0.029}^{0}mm$ 至尺寸	1)主轴颈的车削顺序,可从主轴箱逐档引向尾座 2)注意找正轻重平衡

工序	工种	工序内容	备注
19	镗	工件置于台面上的两等高 V 形架中,找正主轴颈在垂直面与水平面内对机床主轴回转轴线平行,两次装夹 1)钻、镗工艺定位头 2)扩、镗 $8\times\phi35^{+0.025}_{0}$ mm 孔至 $\phi34.8$mm 3)铰孔 $\phi35^{+0.025}_{0}$ mm 至尺寸 4)调头,把工艺定位头钻、镗除去 5)扩、镗 $8\times\phi28^{+0.021}_{0}$ mm 孔至 $\phi27.8$mm 6)铰孔 $\phi28^{+0.021}_{0}$ mm 至尺寸 7)两端孔口倒角 C0.5	工步 1)、4)也可以装夹在车床上完成
20	普	清理、涂油、入库	

1.4 数控车床 CAD/CAM 软件编程

1.4.1 CAD/CAM 软件介绍

CAD/CAM(计算机辅助设计/制造)与 PDM(产品数据管理)构成了现代制造型企业计算机应用的主干。对于制造行业,设计、制造水平与产品的质量、成本及生产周期息息相关。人工设计、单件生产这种传统的设计与制造方式已无法适应工业发展的要求。应用 CAD/CAM 技术已成为整个制造行业当前和将来技术发展的重点。

CAD 技术的首要任务是为产品设计和生产对象提供方便、高效的数字化表示和表现(Digital Representation and Presentation)的工具。数字化表示是指用数字形式为计算机所创建的设计对象生成内部描述,如二维图、三维线框、曲面、实体和特征模型;而数字化表现是指在计算机屏幕上生成真实感图形、创建虚拟现实环境进行漫游、多通道人机交互技术、多媒体技术等。

CAD 的概念不仅仅体现在辅助制图(图形实现)方面,更主要的是它起到了设计助手的作用,使广大工程技术人员从繁杂的查手册、计算工作中解脱了出来,极大地提高了设计效率和准确性,从而缩短了产品开发周期,提高了产品质量,降低了生产成本,增强了行业竞争力。

CAM 与 CAD 密不可分,甚至比 CAD 应用得更为广泛。几乎每一个现代制造企业都离不开大量的数控设备。随着对产品质量要求的不断提高,要高效地制造高精度的产品,CAM 技术不可或缺。一方面,设计系统只有配合数控加工才能充分显示其巨大的优越性;另一方面,数控技术只有依靠设计系统生成的模型才能发挥其效率。因此,在实际应用中,二者很自然地紧密结合起来,形成 CAD/CAM 系统,在这个系统中,设计和制造的各个阶段可利用公共数据库中的数据,即通过公共数据库将设计和制造过程紧密地联系为一个整体。数控自动编程系统利用设计的结果和生成的模型,形成数控加工机床所需的信息。CAD/CAM 技术大大缩短了产品的制造周期,显著地提高了产品质量,产生了巨大的经济效益。

CAD/CAM 技术已经是相当成熟的技术。新一代波音 777 大型客机以 4 年半的周期研制成功，其采用的新结构、新发动机、新的电传操纵等都是一步到位，立刻投入批量生产。飞机出厂后直接交付客户使用，故障返修率几乎为零。媒介宣传中称之为"无纸设计"，而波音公司本身认为，这主要应归功于 CAD/CAM 设计制造一体化。

1. CAD/CAM 软件的技术特点

针对企业从设计到制造整个过程的 CAD/CAM 软件解决方案，一般都具备以下技术特点：

（1）产品开发的集成　一个完全集成的 CAD/CAM 软件，能辅助工程师从概念设计到功能工程分析再到制造的整个产品开发过程，如图 1-49 所示。

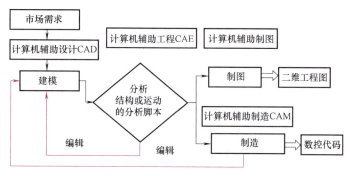

图 1-49　CAD/CAM 工作流程

（2）相关性　通过应用主模型方法，使从设计到制造的所有应用相关联，如图 1-50 所示。

（3）并行协作　通过使用主模型、产品数据管理（PDM）、产品可视化（PV）以及杠杆运用 Internet 技术，支持扩展企业范围的并行协作，如图 1-51 所示。

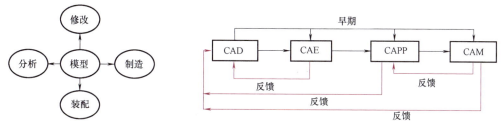

图 1-50　主模型方法　　　　　　　　图 1-51　并行协作

2. CAD/CAM 软件分类

CAD/CAM 技术经过几十年的发展，先后经历了大型机、小型机、工作站、微机时代，每个时代都有当时流行的 CAD/CAM 软件。现在，工作站和微机平台 CAD/CAM 软件已经占据主导地位，并且出现了一批比较优秀、比较流行的商品化软件。

（1）高档 CAD/CAM 软件　高档 CAM 软件的代表有 Unigraphics、I-DEAS/Pro/Engineer、CATIA 等。这类软件的特点是将优越的参数化设计、变量化设计及特征造型技术与传统的实体和曲面造型功能结合在一起，加工方式完备，计算准确，实用性强，可以从简单的 2 轴加工到以 5 轴联动方式来加工极为复杂的工件表面，并可以对数控加工过程进行自动控制和优化，同时提供了二次开发工具允许用户扩展功能。它们是航空、汽车、造船行业的首选 CAD/CAM 软件。

（2）中档 CAD/CAM 软件　Cimatron 是中档 CAD/CAM 软件的代表。这类软件实用性强，提供了比较灵活的用户界面，优良的三维造型、工程绘图，全面的数控加工，各种通用、专用数据接口以及集成化的产品数据管理。

（3）相对独立的 CAM 软件　相对独立的 CAM 系统有 MasterCAM、SurfCAM 等。这类软件主要通过中性文件从其他 CAD 系统中获取产品几何模型。系统主要有交互工艺参数输入模块、刀具轨迹生成模块、刀具轨迹编辑模块、三维加工动态仿真模块和后置处理模块，主要应用于模具行业的中小企业。

（4）国内 CAD/CAM 软件　国内 CAD/CAM 软件的代表有 CAXA-ME、金银花系统等。这类软件是面向机械制造业自主开发的中文界面、三维复杂形面 CAD/CAM 软件，具备机械产品设计、工艺规划设计和数控加工程序自动生成等功能。这些软件价格便宜，主要面向中小企业，符合我国国情和标准，因此受到了广泛的欢迎，赢得了越来越大的市场份额。

3. CAD/CAM 技术的发展趋势

（1）集成化　集成化是 CAD/CAM 技术发展的一个最为显著的趋势。它是指把 CAD、CAE、CAPP、CAM 和 PPC（生产计划与控制）等各种功能不同的软件有机地结合起来，用统一的执行控制程序来组织各种信息的提取、交换、共享和处理，保证系统内部信息流的畅通并协调各个系统有效地运行。国内外大量的经验表明，CAD 系统的效益往往不是从其本身，而是通过 CAM 和 PPC 系统体现出来的；反过来，CAM 系统如果没有 CAD 系统的支持，花巨资引进的设备往往很难得到有效的利用；PPC 系统如果没有 CAD 和 CAM 系统的支持，既得不到完整、及时和准确的数据作为计划的依据，订出的计划也较难贯彻执行，所谓的生产计划和控制将得不到实际效益。因此，人们正着手将 CAD、CAE、CAPP、CAM 和 PPC 等系统有机、统一地集成在一起，从而消除"自动化孤岛"，取得最佳效益。

（2）网络化　21 世纪网络将全球化，制造业也将全球化，从获取需求信息，到产品分析设计、选购原辅材料和零部件、进行加工制造，直至营销，整个生产过程也将全球化。CAD/CAM 系统的网络化能使设计人员对产品方案在费用、流动时间和功能上进行并行处理的并行化产品设计应用；能提供产品、进程和整个企业性能仿真、建模和分析技术的拟实制造系统；能开发自动化系统，产生和优化工作计划和车间级控制，支持敏捷制造的制造计划和控制应用系统；能对生产过程中的物流进行管理的物料管理应用系统等。

（3）智能化　人工智能在 CAD 中的应用主要集中在知识工程的引入，有助于发展专家 CAD 系统。专家 CAD 系统具有逻辑推理和决策判断能力，它将许多实例和有关专业范围内的经验、准则结合在一起，可以给设计者提供更全面、更可靠的指导。应用这些实例和启发准则，根据设计目标不断缩小探索范围，直至问题得到解决。

4. 典型 CAD/CAM 软件介绍

（1）Mastercam 系统特点概述　Mastercam 是美国专业从事计算机数控程序设计专业化的公司 CNC Software inc. 研制出来的一套计算机辅助制造系统软件。它将 CAD 和 CAM 这两大功能综合在一起，是我国目前十分流行的 CAD/CAM 系统软件。它有以下特点：

1）Mastercam 除了可生成 NC 程序外，其本身也具有 CAD 功能（2D、3D、图形设计、尺寸标注、动态旋转、图形阴影处理等功能），可直接在系统中制图并转换成 NC 加工程序，也可将用其他绘图软件绘好的图形，经由一些标准的或特定的转换文件，如 DXF 文件、CADL 文件及 IGES 文件等转换到 Mastercam 中，再生成数控加工程序。

2) Mastercam 是一套以图形驱动的软件，其应用广泛，操作方便，而且能提供适合目前国际上各种通用的数控系统（如 FANUC、MELADS、AGIE、HITACHI 等）的后置处理程序文件，以便将刀具路径文件（NCI）转换成相应的 CNC 控制器上所使用的数控加工程序（NC 代码）。

3) Mastercam 能预先依据使用者定义的刀具、进给率、转速等，模拟刀具路径和计算加工时间，也可根据数控加工程序（NC 代码）转换成刀具路径图。

4) Mastercam 系统设有刀具库及材料库，能根据被加工工件材料及刀具规格尺寸自动确定进给率、转速等加工参数。

5) 提供 RS-232C 接口通信功能及 DNC 功能。

（2）系统界面　Mastercam 系统在 Windows 下完成安装后，被自动设置在 Start\Programs\Mastercam 菜单中，因此，在 Mastercam 菜单中用鼠标选取 Mill 7 图标（假定使用的是 Mastercam Version 7.0），即自动进入 Mastercam 系统的主界面。如图 1-52 所示，主界面分为四个功能区：主功能表区、第二功能表区、绘图（图形显示）区、信息输入/输出区。

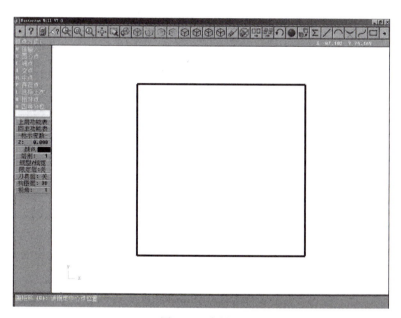

图 1-52　主界面

1) 主功能表区简要说明。

A 分析：显示屏幕上的点、线、面及尺寸标注等资料。

C 绘图：绘制点、线、弧、Spline 曲线、矩形、曲面等。

F 文件：存取、浏览几何图形，屏幕显示，打印、传输、转换、删除文件等。

M 修整：可用倒圆角、修整、打断和连接等功能修改屏幕上的几何图形。

D 删除：用于删除屏幕或系统图形文件中的图形元素。

S 屏幕：用来设置 Mastercam 系统及其显示的状态。

T 刀具路径：用轮廓、型腔和孔等指令生成 NC 刀具路径。

N 公用管理：修改和处理刀具路径。

E 离开系统：退出 Mastercam 系统，回到 Windows。

上层功能表：回到前一页目录。

主功能：返回主功能表（最上层目录）。

2）第二功能表区简要说明。

标示变数：用来设定标注尺寸的参数。

Z（工作深度）：用来设定绘图平面的工作深度。当绘图平面设定为 3D 时，设定的工作深度被忽略不计。

颜色：设定系统目前所使用的绘图颜色。

层别：设定系统目前所使用的图层。

限定层：指定使用的图层，关掉非指定图层的使用权。当设定为 OFF 时，全部图层均可使用。

刀具面：设定一个刀具面。

构图面：定义目前所使用的绘图平面。

视角：定义目前显示在屏幕上的视图角度。

（3）系统流程图　Mastercam 系统流程图如图 1-53 所示。

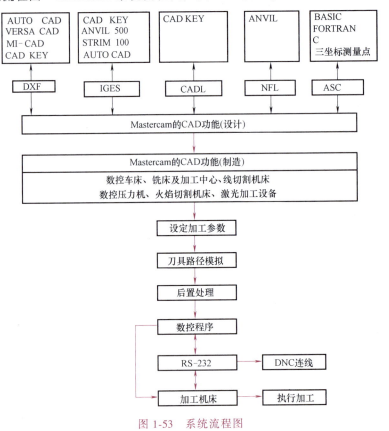

图 1-53　系统流程图

1.4.2　CAD/CAM 编程

SolidCAM 不仅支持铣削、钻削、镗削和内螺纹加工，还支持车削加工。本节就以图 1-54 为例，详细说明从设计到加工的整个过程。

项目1 轴类工件加工

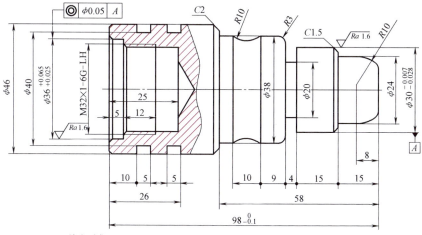

技术要求
1. 未注倒角C1。
2. 毛坯尺寸φ50×100(孔φ25×32)。

图1-54 SolidCAM编程实例

1. 加工面和加工工艺流程

加工面包括两级外圆面、两端面、内孔、内槽和内螺纹。

加工工艺流程比较复杂，在正文中只介绍右端面车削加工的定义过程和外圆车削过程，其余加工部分与右端面的加工类似。

2. 车削加工编程记录

1) 导入模型。选择turnsucai_4文件夹里面的1.1.3.dxf文件，单击"打开"按钮，如图1-55所示。

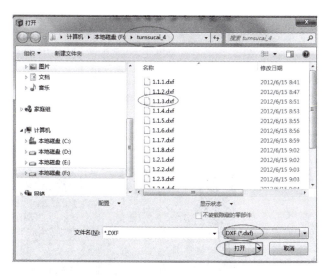

图1-55 打开文件

2) 选择"输入到新零件"，单击"下一步"按钮，如图1-56所示。

3) 选择"所有所选图层"，单击"下一步"按钮，如图1-57所示。

图 1-56　选择"输入到新零件"

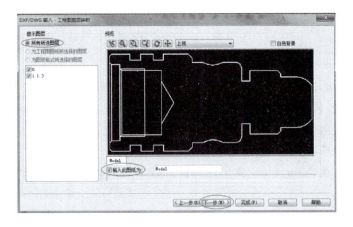

图 1-57　选择"所有所选图层"

4)"输入数据的单位"选择"毫米",选中"合并点"复选框,单击"完成"按钮,如图 1-58 所示。

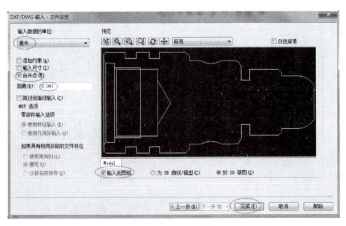

图 1-58　选择单位

5）右击"草图 1"中的 SE-1 文件，选择"爆炸块"，选择所有曲线，退出草图，如图 1-59 所示。

6）绘制草图，选择前视基准面，绘制毛坯和中心线，按照图样要求标注尺寸，添加约束关系，退出草图并保存，文件名为 MODEL，如图 1-60 所示。

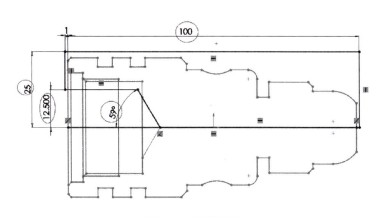

图 1-59 选择草图   图 1-60 绘制草图

7）SOLIDCA-新增-车床，如图 1-61 所示。

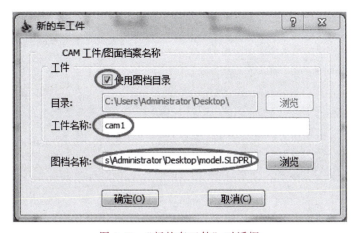

图 1-61 "新的车工件"对话框

8）单击"加工原点"→"设定"按钮，选择右端面中心，完成后如图 1-62 所示。

9）单击"素材形状定义"→"设定"按钮，设定链接，选择曲线，选择所画的毛坯边界，单击"连续线"→"接受"→"是"按钮，如图 1-63 所示。

10）单击"主轴"按钮，设定链接，单击"点到点"按钮，选择点，单击"确认"按钮，如图 1-64 所示。

11）选择后处理，单击"保存并退出"按钮，如图 1-65 所示。

3. 设定外圆切削加工工程

1）选择加工方式，右击设计树中的"加工工程"→"新增"→"内外径加工"，如图 1-66 所示。

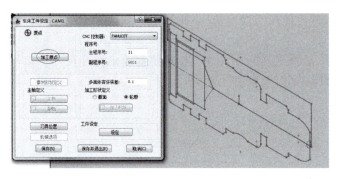
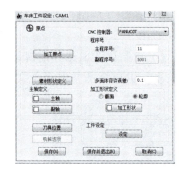

图 1-62　设定加工原点

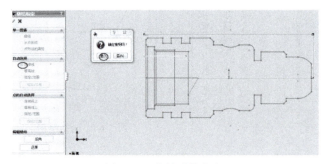

图 1-63　素材形状定义

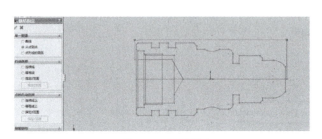
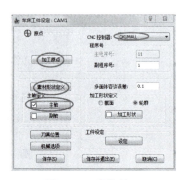

图 1-64　主轴设定　　　　　　　　　图 1-65　后处理

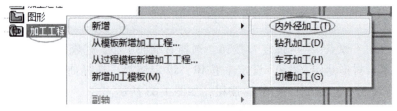

图 1-66　选择加工方式

2）在"内外径加工工程设定"对话框中，单击"图形"→"定义"，单击"确定"按钮，如图 1-67、图 1-68 所示。

3）定义刀具。单击"设定"按钮，新增刀具，合理设置参数，单击"选取"按钮，如图 1-69 所示。

项目1 轴类工件加工

图 1-67 "内外径加工工程设定"对话框

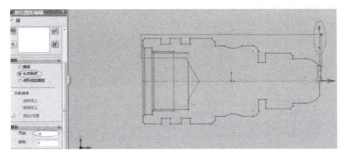

图 1-68 选择对象

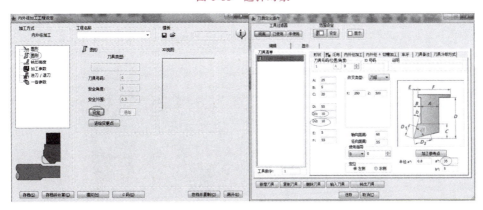

图 1-69 定义刀具

4）设定加工参数，如图 1-70 所示。

5）存档并计算，退出。

6）选定加工方式，右击设计树中的"加工工程"→"新增"→"内外径加工"，如图 1-71 所示。

7）在"内外径加工工程设定"对话框中，单击"图形"→"定义"按钮，选择轮廓面，单击"确定"按钮，如图 1-72 和图 1-73 所示。

8）定义刀具。单击"设定"按钮，选定原来的刀具，单击"确定"按钮，如图 1-74、图 1-75 所示。

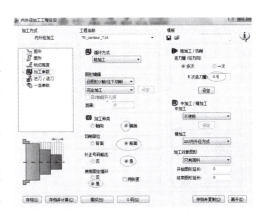

图 1-70 设定加工参数

图 1-71　选择加工方式

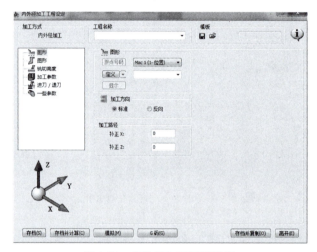

图 1-72　内外径加工工程设定

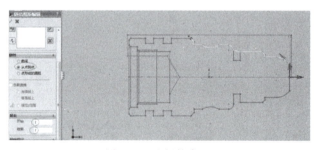

图 1-73　选择轮廓面

图 1-74　定义刀具

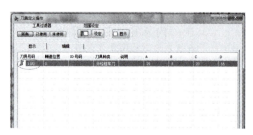

图 1-75　选择原来的刀具

9)设定加工参数,如图 1-76 所示。

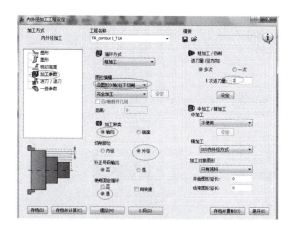

图 1-76 设定加工参数

4. 模拟加工和生成程序

1)选定加工方式,右击设计树中的"加工工程"→"模拟",如图 1-77、图 1-78 所示。

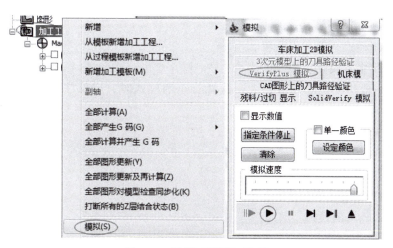

图 1-77 选择"模拟"选项

图 1-78 模拟图形

2)选定加工方式,右击设计树中的"加工工程"→"全部产生 G 码"→"产生",如图 1-79 所示。

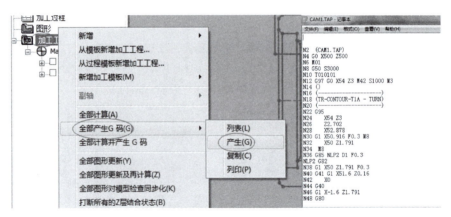

图 1-79　产生 G 代码

1.4.3　车铣复合 CAD/CAM 编程*

1. 指令代码介绍

（1）M 指令

M200：铣削模式（动力头转动切换）。

M203：铣削模式，动力头正转。

M204：铣削模式，动力头反转。

M202：车削主轴模式。

当机床上一段执行铣削模式，下一段执行车削模式时，应该注意 M 指令代码的切换。例如：

　　上一段执行铣削模式

　　　　M200；

　　　　T0707；

　　　　M203 S1000；

　　下一段执行车削模式

　　　　M202；

　　　　M03 S1000；

（2）C 轴指令

C100.：C 轴转动 100°（转动角度为绝对值，角度后必须加小数点）。

H100.：C 轴在原有角度上旋转 100°（转动角度为增量值，角度后必须加小数点，顺时针为正值）。

（3）刀架换刀

1）MDI 格式下换刀。在 MDI 面板里输入 T0707（当前刀号换为 7 号刀）。

2）手动换刀。在快速进给模式下操作刀架旋转按钮，完成换刀。

（4）其他　G 代码为 FANUC 机床通用代码；MAZAK 编程代码查询机床操作说明书。

2. 编程实例

编写图 1-80 所示锥台的加工程序。

项目1 轴类工件加工

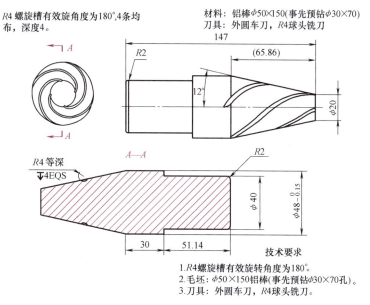

图 1-80 锥台

（1）锥面加工程序

O1116

M202；

T0101；

M3 S1000；

G0 X50. Z50.；

Z2.；

G71 U1. R0.5；

G71 P1 Q2 U1. W0. F200.；

N1 G0 X-0.5；

G1 X20. F200.；

Z0.；

X48. Z-65.86；

Z-75.；

N2 X52.；

G0 Z100.；

M05；

M00；

N100 G0 Z50. X51.；

T0101；

M3 S1500；

G0 Z2.；

G70 P1 Q2；

G0 Z100.；

X100.；

M30；

（2）螺旋槽加工程序（子程序加工）

O1113

M200；

T0707；

M204 S2000；

G0 X100. Z100.；

G0 C0.；　　／四条螺旋槽加工，C轴分别旋转0°、90°、180°、270°

M98 P1112；

G0 X100. Z100.；

M30；

%

O1112

G0 X52. Z10.；

G1 X13. 64Z5. F300.；

G1 H180. Z-73.86 X46.36；

G0 X52.；

Z10.；

M99；

（3）螺旋槽加工程序（WHILE语句加工）

O1114

M200；

M204 S1500；

G0 X50. Z50.；

Z2.；

G0 C0.；

#100=0；

#101=4；

#105=180；

WHLE［#100LT360］DO10；

#102=360/#101；

N10 G90 G0 C#100；

G1 X13. 64Z5. F500.；

G1 H#105 Z-73.86 X46.36；

G0 X52.；

Z10.；

#100=#100+#102；

END10；

项目 2　套类工件加工

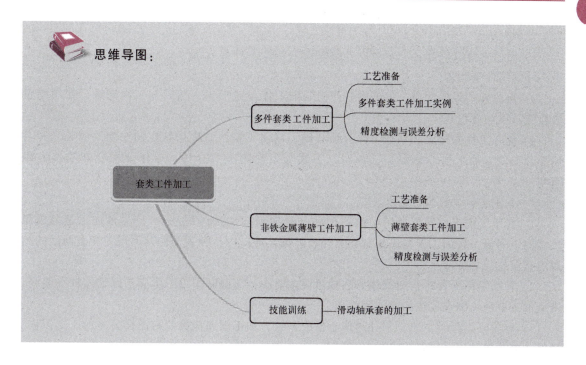

思维导图：

2.1　多件套类工件加工

2.1.1　工艺准备

多件套是由两个或两个以上车削工件相互配合所组成的组件。与单一工件的车削加工比较，多件套的车削不仅要保证其中各工件的加工质量，还需要保证各工件按规定组合装配后的技术要求。因此，在制订多件套特别是复杂多件套的加工工艺和进行组合工件加工时，须特别注意。

1. 多件套加工工艺分析

（1）分析多件套的装配关系　仔细分析多件套的装配关系，确定基准工件，也就是直接影响多件套装配后工件间相互位置精度的主要工件。

（2）首先车削基准工件　加工多件套时，应先车削基准零件，然后根据装配关系的顺序，依次车削多件套的其他工件。

（3）保证多件套的装配精度　车削多件套的其他工件时，一方面应按车削基准工件时的要求进行，另一方面更应按已加工的基准工件及其他零件的实测结果进行相应调整，充分使用配车、配研、组合加工等手段来保证组合件的装配精度要求。

（4）拟订多件套工件的加工方法　根据各工件的技术要求和结构特点，以及多件套装配的技术要求，分别拟订各工件的加工方法，各主要表面（各类基准表面）的加工次数（粗、半精、精加工的选择）和加工顺序。通常应先加工基准表面，然后加工工件上的其他表面，其原则如下：

1）孔和轴的配合。一般情况下，应将内孔作为基准工件首先加工，因为孔的加工难度大于外圆柱面。

2）内、外螺纹的配合。一般以外螺纹作为基准工件首先加工，然后加工内螺纹，这是由于外螺纹便于测量。

3）内、外圆锥的配合。将外圆锥作为基准工件首先加工，然后加工内圆锥，使用涂色法检查其接触面积。

4）偏心工件的配合。基准工件为偏心轴，以便于检测。根据装配顺序加工偏心套和其他配合工件。加工内、外偏心工件时，不改变工件的装夹方法，以保证配合件的偏心距精度。

2. 多件套加工的工艺要求

1）对于影响工件间配合精度的各尺寸（径向尺寸和轴向尺寸），应尽量加工至两极限尺寸的中间值，且加工误差应控制在图样公差的1/2以内；各表面的几何误差和表面间的相对位置误差应尽可能小。

2）有圆锥体配合时，圆锥体的圆锥角误差要小，车削时车刀刀尖应与圆锥体轴线等高，避免加工中产生圆锥素线的直线度误差。

3）有偏心配合时，偏心部分的偏心量应一致，加工误差应控制在图样公差的1/2以内，且偏心部分的轴线应平行于工件基准轴线。

4）有螺纹配合时，螺纹应车削成形，一般不使用板牙、丝锥加工，以保证同轴度要求。螺纹中径尺寸，对于外螺纹应控制在下极限尺寸范围内；对于内螺纹，则应控制在上极限尺寸范围内，以使配合间隙尽量大些。

5）工件各加工表面间的锐角应倒钝，毛刺应清理干净。

2.1.2　多件套类工件加工实例

加工图2-1所示的双锥体偏心组合件，加工数量为单件，组合件由六个工件组成：梯形螺纹轴1（图2-2）、锥套2（图2-3）、锥套3（图2-4）、偏心轴4（图2-5）、偏心垫5（图2-6）、螺钉6（图2-7）。

1. 工艺分析

（1）组合件的装配关系　分析各工件的结构及其相互间的装配关系：

1）梯形螺纹轴1与锥套2通过内、外1:5锥度的锥体连接。

2）锥套2与锥套3也是通过内、外1:5锥度的锥体连接的。

3）偏心轴4与偏心垫5通过内、外偏心连接。

4）偏心轴4与偏心垫5的组合件外圆（$\phi 40_{-0.025}^{0}$ mm）与锥套3的内孔（$\phi 40H7$）连接。

项目2 套类工件加工

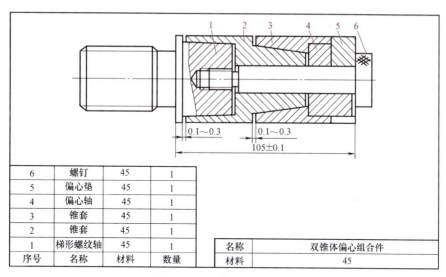

图 2-1 双锥体偏心组合件

6	螺钉	45	1
5	偏心垫	45	1
4	偏心轴	45	1
3	锥套	45	1
2	锥套	45	1
1	梯形螺纹轴	45	1
序号	名称	材料	数量

名称	双锥体偏心组合件
材料	45

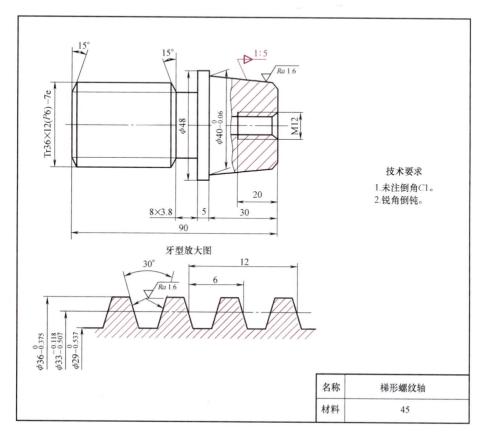

技术要求
1. 未注倒角C1。
2. 锐角倒钝。

名称	梯形螺纹轴
材料	45

图 2-2 轴

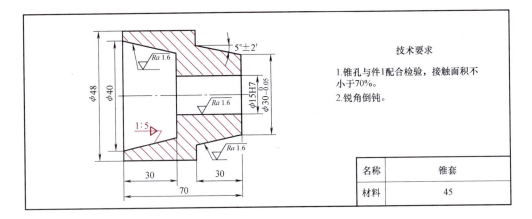

图 2-3 锥套（一）

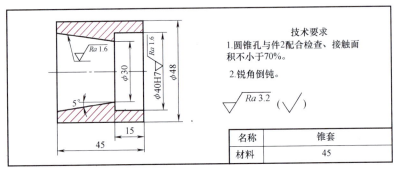

图 2-4 锥套（二）

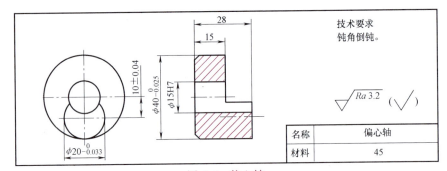

图 2-5 偏心轴

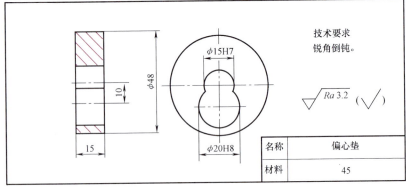

图 2-6 偏心垫

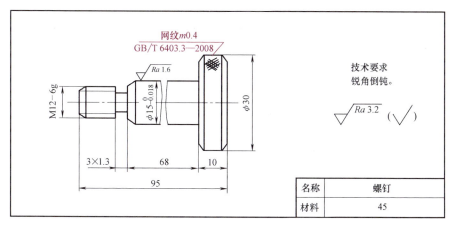

图 2-7 螺钉

5) 螺钉 6 的外圆（$\phi15_{-0.018}^{0}$ mm）穿过偏心垫 5（$\phi15$H7 内孔）、偏心轴 4（$\phi15$H7 内孔）、锥套 3、锥套 2（$\phi15$H7 内孔），与梯形螺纹轴 1 通过内、外螺纹 M12-6g 连接，形成图 2-1 所示的装配组合件。

（2）组合件的装配要求

1) 装配后梯形螺纹轴 1 与锥套 2 端面之间留 0.1~0.3mm 的间隙。

2) 装配后锥套 2 与锥套 3 之间留 0.1~0.3mm 的间隙。

3) 组合件总装后，梯形螺纹轴 1 的 $\phi48$mm 外圆左端面至偏心垫 5 的 $\phi48$mm 外圆右端面之间的总长为（105±0.1）mm。

（3）达到图样要求的工艺方法

1) 组合件中每个单独工件的结构简单，但是在装配时有技术要求，特别是偏心件的配合。根据装配图样的技术要求，加工工件的顺序依次为梯形螺纹轴 1→锥套 2→锥套 3→偏心轴 4→偏心垫 5→螺钉 6。

2) 梯形螺纹车刀采用高速工具钢材料刃磨而成，粗车刀的刀尖角要略小于牙型角，刀头宽度应小于牙槽底宽，背前角为 10°~15°，背后角为 6°~8°，左侧后角为（3°~5°）+φ，右侧后角为（3°~5°）-φ。

3) M12-6g 内螺纹可采用攻制的方法进行加工，加工时应注意保证螺纹与装配轴线的同轴度要求。

4) 图样上所有工件均没有几何公差要求，但是，加工时一定要保证各工件的位置精度（如同轴度、垂直度、平行度等），以满足装配要求，能在一次装夹中完成加工的工序尽量做到一次完成。

5) 加工偏心轴 4，偏心垫 5 的偏心轴、偏心孔时，由于偏心距为 10mm，超出了钟面式指示表的量程范围，应制造一块（10±0.01）mm 的辅助垫块，在找正偏心距时安放在指示表下进行间接辅助测量。

由于偏心距较大，车削偏心外圆时是断续切削，故要适当控制背吃刀量和进给量，数值不宜过大，以免工件在加工中发生振动而导致偏心距不准或刀具崩刃损坏工件。

6) 所有工件均采用单动卡盘装夹。

2. 组合件中各工件的参考加工工艺

（1）梯形螺纹轴 1 的车削　梯形螺纹轴 1 的车削工序见表 2-1。

表 2-1 梯形螺纹轴 1 的车削工序

工序	工序内容	备注
1	用单动卡盘装夹毛坯外圆 1）车端面（车平即可） 钻中心孔，一夹一顶装夹 2）车 $\phi48$mm 外圆，将梯形螺纹 Tr36×12(P6)-7e 的大径车至 $\phi36_{-0.375}^{0}$mm 3）车外沟槽 8mm×3.8mm，梯形螺纹外圆两端倒角 15° 4）粗、精车 Tr36×12(P6)-7e 螺纹 5）工件锐角倒钝，控制总长后切断	
2	工件调头装夹 1）车端面，控制总长 90mm 2）车 $\phi40_{-0.06}^{0}$mm 的圆锥大径（将图样上 $\phi48$mm 外圆的厚度尺寸 5mm 控制至 $5_{-0.05}^{0}$mm） 3）转动小滑板，粗、精车 $C=1:5$ 的外圆锥，保证 $\phi40_{-0.06}^{0}$mm 大端直径 4）钻 M12 的螺纹底孔至 $\phi10.2$mm，孔口倒角，攻 M12 螺纹 5）工件锐角倒钝	

车削梯形螺纹轴 1 时应注意以下方面：

1）用三针测量梯形螺纹中径 $\phi33_{-0.507}^{-0.118}$mm，根据计算公式可得

$$d_\mathrm{D} = 0.518P = 0.518 \times 6\text{mm} = 3.108\text{mm}$$
$$M = d_2 + 4.864 d_\mathrm{D} - 1.866P$$
$$= 33\text{mm} + 4.864 \times 3.108\text{mm} - 1.866 \times 6\text{mm}$$
$$= 36.92\text{mm}$$

即量针测量距及其极限偏差为 $M = 36.92_{-0.507}^{-0.118}$mm。

2）车削多线螺纹时，不能把一条螺旋槽全部车好后再车另一条螺旋槽，应采用多次循环分线，依次逐面车削的方法加工。

3）攻制内螺纹应在车床上进行，同时还必须保证螺纹轴线与锥体轴线同轴，以保证装配精度。

（2）锥套 2 的车削　锥套 2 的车削工序见表 2-2。

表 2-2 锥套 2 的车削工序

工序	工序内容	备注
1	用单动卡盘装夹毛坯外圆 1）车端面（车平即可） 2）车 $\phi48$mm 外圆 3）钻孔 $\phi13$mm，车圆锥孔小端直径至 $\phi34$mm，车 $C=1:5$ 的圆锥孔，与轴 1 的外锥体配合，保证两端面之间的间隙为 0.1~0.3mm 4）工件锐角倒钝，控制总长后切断	
2	工件调头装夹 1）车端面，控制总长 70mm 2）车 $\alpha/2 = 5°\pm2'$ 圆锥大端直径至 $\phi35.25_{-0.05}^{0}$mm 3）车圆锥体小端直径至 $\phi30_{-0.05}^{0}$mm 4）粗、精车 $\phi15\text{H7}(_{0}^{+0.018})$ 内孔 5）工件锐角倒钝	

注意：车削 ϕ48mm 外圆长度尺寸时，应与梯形螺纹轴 1 配合测量，控制梯形螺纹轴 1 的 ϕ48mm 外圆左端面到锥套 2 的 ϕ48mm 外圆右端面之间的距离为 (45±0.10)mm。

(3) 锥套 3 的车削　锥套 3 的车削工序见表 2-3。

表 2-3　锥套 3 的车削工序

工序	工序内容	备注
1	用单动卡盘装夹毛坯外圆 1) 车端面(车平即可) 2) 钻孔 ϕ28mm，深度为 48mm 3) 车圆锥孔小端直径至 $\phi30_{-0.05}^{\ 0}$ mm 4) 粗、精车圆锥孔与锥套 2 外锥体配合，保证两端面之间的间隙为 0.1~0.3mm 5) 工件锐角倒钝，控制总长后切断	
2	工件调头装夹 1) 车端面，控制总长 45mm 2) 车孔 $\phi40H7(_{\ 0}^{+0.025})$，深度为 15mm 3) 工件锐角倒钝	

注意：车削长度尺寸时，应与梯形螺纹轴 1 和锥套 2 配合测量，控制梯形螺纹轴 1 的 ϕ48mm 外圆左端面到锥套 3 右端面之间的距离为 (90±0.1)mm。

(4) 偏心轴 4、偏心垫 5 的车削　偏心轴和偏心垫的车削工序见表 2-4。

表 2-4　偏心轴和偏心垫的车削工序

工序	工序内容	备注
1	用单动卡盘装夹毛坯外圆(车偏心轴 4) 1) 车端面(车平即可) 2) 车 ϕ48mm 外圆，工件锐角倒钝	
2	工件调头装夹 1) 车端面 2) 车 $\phi40H7(_{-0.025}^{\ 0})$ 外圆，长度为 30mm 3) 钻孔 ϕ13mm，粗、精车 $\phi15H7(_{\ 0}^{+0.018})$ 内孔，去锐倒钝 4) 找正偏心距，车 $\phi20_{-0.033}^{\ 0}$ mm 偏心外圆，锐角倒钝，控制总长后切断，注意剩余材料不要拆下	
3	1) 继续车端面(偏心垫 5)，尺寸 15mm 与梯形螺纹轴 1、锥套 2 和锥套 3 配合后，应符合图 2-1 中的尺寸 (105±0.1)mm 2) 钻孔 ϕ13mm，粗、精车 $\phi15H7(_{\ 0}^{+0.018})$ 内孔	
4	1) 重新装夹偏心垫 5，找正偏心距 10mm 2) 钻孔 ϕ18mm，粗、精车 $\phi20H8(_{\ 0}^{+0.033})$ 偏心孔，锐角倒钝，拆下零件	
5	装上偏心轴 4，车端面，尺寸 15mm 应与锥套 3 的 ϕ40H7 内孔深度保持相等，允许比 ϕ40H7 内孔端面低 0.02~0.05mm，工件锐角倒钝	

注意：车削偏心轴 4 的 $\phi20_{-0.033}^{\ 0}$ mm 偏心外圆并切断后，应立即车削偏心垫 5 的偏心孔，这样能保证偏心轴和偏心孔在一次装夹中车削完毕，从而可保证偏心距一致。

(5) 螺钉 6 的车削　螺钉的车削工序见表 2-5。

表 2-5 螺钉的车削工序

工序	工序内容	备注
1	用单动卡盘装夹毛坯外圆 1) 车端面(车平即可) 2) 粗、精车 $\phi15_{-0.018}^{0}$ mm 外圆 3) 车 M12-6g 螺纹大径至 $\phi12_{-0.30}^{-0.10}$ mm 4) 车外沟槽 3mm×1.3mm,倒角 5) 车 M12-6g 外螺纹	
2	工件调头装夹 1) 车端面,控制总长 95mm 2) 车滚花外圆至 $\phi30_{-0.50}^{-0.30}$ mm,滚花,网纹 $m=0.4$mm,倒角	

3. 组合装配

按图 2-1 对梯形螺纹轴 1、锥套 2、锥套 3、偏心轴 4 和偏心垫 5 进行装配组合,然后将螺钉 6 的外螺纹与梯形螺纹轴 1 的内螺纹旋合并锁紧。

2.1.3 精度检测与误差分析

1. 偏心距的检测

检测偏心距 $e=(10\pm0.04)$mm 时,由于 $\phi20_{-0.033}^{0}$mm 偏心外圆是一个不完整的圆柱,因此无法用指示表直接检测,只能采用间接测量的方法,即在 $\phi15H7$ 内孔中插入量棒,用千分尺测量偏心外圆 d 到量棒外圆 d_1 之间的距离 M,然后用式(2-1)计算偏心距 e

$$e = M - \frac{1}{2}(d+d_1) \tag{2-1}$$

式中 d——外圆的实际尺寸(mm);

d_1——量棒外圆的实际尺寸(mm)。

2. 装配精度的检测

(1) 0.1~0.3mm 间隙的检测 用 0.1mm 与 0.3mm 的塞尺检测,若 0.1mm 的塞尺可插入,而 0.3mm 的塞尺不可插入,则说明两端面间的间隙合格。

(2) 长度尺寸 (105±0.1)mm 的检测 用千分尺在两端面上沿圆周测量,千分尺的读数在 104.90~105.10mm 之间即为合格。

(3) 其他尺寸的检测 组合件的其他尺寸精度、表面粗糙度值等可按规定方法进行检测,这里省略。

2.2 非铁金属薄壁工件加工*

2.2.1 工艺准备

1. 铜合金的车削性能

(1) 铜合金的加工特点 铜合金的导电性、耐磨性、耐蚀性好,强度和硬度较低,切削加工性能好,比较容易获得较小的表面粗糙度值。但是,由于铜合金的强度和硬度较低,在夹紧力和切削力的作用下，工件容易产生变形，另外，还要注意：铜合金的线胀系数大，故工件的热变形大；铸造铜合金内部组织疏松，加工中易产生"扎刀"现象。

（2）刀具的选择　车削铜合金的车刀常用的刀具材料有高速工具钢 W18Cr4V 和钨钴类硬质合金 K01、K20、K30 等。

车刀的几何参数：车削黄铜时，前角 $\gamma_o = 10° \sim 25°$，后角 $\alpha_o = 8° \sim 10°$；车削青铜时，前角 $\gamma_o = 5° \sim 15°$，后角 $\alpha_o = 6° \sim 8°$；其他角度与普通车刀相似。车刀应刃磨锋利，不磨负倒棱，表面粗糙度值要小。

（3）切削用量　铜合金的强度和硬度较低，应选用较高的切削速度，粗车时，$v_c = 100$m/min；精车时，$v_c = 300$m/min。但应考虑工艺系统刚性，若刚性差，则切削速度应降低。背吃刀量和进给量与车削一般钢件时相同。

（4）加工铜合金时的注意事项

1）装夹工件时，夹紧力不宜过大且应均匀分布，以防止工件夹紧变形。

2）精车时，应采取措施降低切削温度，防止工件热胀冷缩而影响尺寸精度。

2．铝合金的车削性能

（1）铝合金的加工特点　铝合金的密度小，硬度低，切削加工性好；导热性好，切削时散热快。其缺点是强度低，加工中易变形；易产生积屑瘤，会影响表面粗糙度。

（2）刀具的选择　车削铝合金的车刀主偏角 $\kappa_r = 60° \sim 90°$；前角 $\gamma_o = 20° \sim 25°$，后角 $\alpha_o = 10° \sim 12°$；其他角度与普通车刀相似。车刀应刃磨锋利，不磨负倒棱，表面粗糙度值要小。车削铝合金的弯头车刀如图 2-8 所示。

（3）切削用量　铝合金的切削加工性好，为了提高生产率和避免产生积屑瘤，应选用较高的切削速度，$v_c = 150 \sim 500$m/min；背吃刀量和进给量与车削一般钢件时相同。

（4）加工铝合金时的注意事项　加工铝合金时，夹紧力不宜过大且应均匀分布，切削刃要锋利，以防止工件变形。精车时，应采取措施降低切削温度，防止零件热胀冷缩而影响尺寸精度。装卸、加工、检测时，应防止碰伤工件。

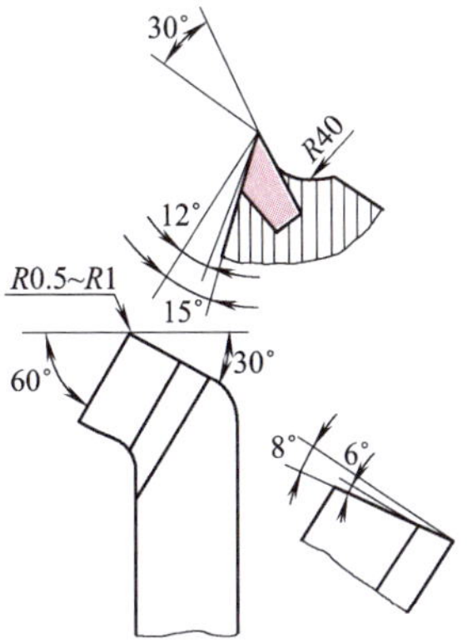

图 2-8　车削铝合金的弯头车刀

2.2.2　薄壁套类工件加工

薄壁套类工件在夹紧力、切削力的作用下，容易产生变形、振动而影响工件精度，还易产生热变形，工件尺寸不易掌握。

1．薄壁套类工件的装夹方法

（1）用液性塑料心轴或弹簧胀力心轴装夹车削薄壁套筒工件　当薄壁套筒工件的加工工艺是先车好内孔，再以内孔定位车削外圆时，可以用液性塑料心轴或弹簧胀力心轴装夹车削外圆（图 2-9）。由于液性塑料心轴和弹簧胀力心轴是依靠本身均匀的弹性变形将薄壁套筒工件胀紧的，夹紧力均匀地作用在整个圆周的孔壁面积上，因此夹紧后的变形很小。

（2）用端面夹紧心轴装夹车削薄壁套筒工件　用端面夹紧心轴装夹薄壁套筒工件（图 2-10）时，薄壁套筒工件以内孔为定位基准，套在两个可以伸缩的定位锥形套筒 4 和 6 上，旋紧夹紧螺母，通过夹紧套筒 2 和 8 压紧工件端面，将其夹紧。由于端面心轴沿轴向将工件

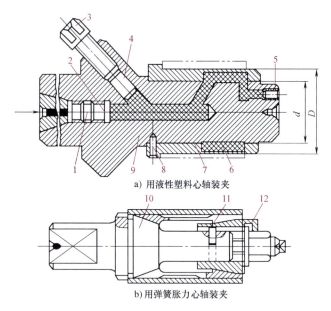

图 2-9 用液性塑料心轴或弹簧胀力心轴装夹车削薄壁套筒工件

1、5—螺钉 2—密封垫 3—紧固螺钉 4—滑柱 6—液性塑料 7—定位夹紧套筒
8—定位销 9—心轴体 10—弹簧心轴体 11—弹簧套筒 12—活动锥套

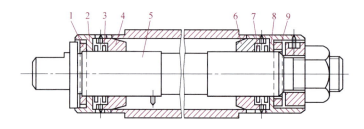

图 2-10 用端面夹紧心轴装夹车削薄壁套筒工件

1、9—球面垫圈 2、8—夹紧套筒 3、7—弹簧 4、6—定位锥形套筒 5—心轴体

夹紧,改变了夹紧力的作用方向,使得夹紧力不作用在刚性最弱的地方,因而可以减少夹紧变形。

(3)用增加工艺肋的方法车削薄壁套筒工件 在工件的夹紧部位特制工艺肋,如图2-11所示,夹紧力作用在工艺肋上,减少了由夹紧力引起的变形。

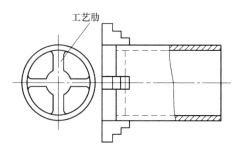

图 2-11 用增加工艺肋的方法车削薄壁套筒工件

2. 薄壁套筒工件装夹时的注意事项

1) 选择大端面定位，增加辅助支承或"工艺支承"。例如，采用开缝弹性套筒来提高工件在切削过程中的刚性。

2) 使夹紧力的作用点位于刚性较好的部位，以防止工件产生夹紧变形。

3) 将局部夹紧力机构改为均匀夹紧力机构，以增大夹紧力作用面积。

3. 加工实例

加工图 2-12 所示的薄壁长套筒。

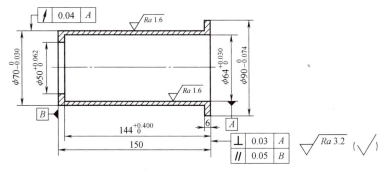

图 2-12　薄壁长套筒

(1) 主要技术要求

1) $\phi 50^{+0.062}_{0}$ mm、$\phi 64^{+0.030}_{0}$ mm 内孔的尺寸要求。

2) $\phi 70^{0}_{-0.030}$ mm、$\phi 90^{0}_{-0.074}$ mm 外圆的尺寸要求。

3) $\phi 70^{0}_{-0.030}$ mm 外圆对 $\phi 64^{+0.030}_{0}$ mm 内孔中心线的径向圆跳动公差为 0.04mm。

4) $\phi 90^{0}_{-0.074}$ mm 外圆右端面对 $\phi 64^{+0.030}_{0}$ mm 内孔中心线的垂直度公差为 0.03mm。

5) $\phi 90^{0}_{-0.074}$ mm 外圆右端面对 $\phi 70^{0}_{-0.030}$ mm 外圆左端面的平行度公差为 0.05mm。

(2) 工艺分析

1) 薄壁长套筒为薄壁台阶工件，采用铸造铜合金材料，材料牌号为 H62。

2) 铸件的毛坯余量较多，采用粗、精车分开的方法，粗车后进行时效处理。

3) 工件壁厚为 3mm，装夹时要采取措施防止工件变形。

4) $\phi 64^{+0.030}_{0}$ mm 内孔为基准孔，精车时应先加工好内孔和端面。

5) $\phi 70^{0}_{-0.030}$ mm 外圆对 $\phi 64^{+0.030}_{0}$ mm 内孔中心线有径向圆跳动要求，精车 $\phi 70^{0}_{-0.030}$ mm 外圆时，应以 $\phi 64^{+0.030}_{0}$ mm 内孔和右端面定位装夹。

(3) 加工工序（表 2-6）。

表 2-6　薄壁长套筒的加工工序

工序	工序内容	备注
1	用自定心卡盘装夹 $\phi 90^{0}_{-0.074}$ mm 外圆，找正 1) 车 $\phi 70^{0}_{-0.030}$ mm 外圆左端面，车平即可 2) 车 $\phi 70^{0}_{-0.030}$ mm 外圆至 $\phi 71^{0}_{-0.10}$ mm，总长 149mm 3) 车 $\phi 50^{+0.062}_{0}$ mm 孔至 $\phi 49^{+0.10}_{0}$ mm	

(续)

工序	工序内容	备注
2	用自定心卡盘装夹 $\phi70_{-0.030}^{0}$ mm 外圆，找正 1）车总长至 151mm 2）车 $\phi90_{-0.074}^{0}$ mm 外圆至 $\phi91_{-0.10}^{0}$ mm 3）车 $\phi64_{0}^{+0.030}$ mm 孔至 $\phi63_{0}^{+0.10}$ mm，深 143mm	
3	时效处理	
4	用扇形软爪装夹 $\phi70_{-0.030}^{0}$ mm 外圆 1）车 $\phi90_{-0.074}^{0}$ mm 外圆右端面，长度至 6.5mm 2）车 $\phi90_{-0.074}^{0}$ mm 外圆至尺寸 3）车 $\phi50_{0}^{+0.062}$ mm 孔至尺寸 4）车 $\phi64_{0}^{+0.030}$ mm 孔，深 $144_{0}^{+0.400}$ mm 至尺寸	
5	用弹簧胀力心轴，以 $\phi64_{0}^{+0.030}$ mm 内孔和右端面定位，夹紧 1）车 $\phi70_{-0.030}^{0}$ mm 外圆至尺寸，同时控制 $\phi90_{-0.074}^{0}$ mm 外圆的长度 6mm 至尺寸 2）车总长至尺寸	

2.2.3 精度检测与误差分析

1．壁厚的检测

薄壁工件的壁厚可以用壁厚千分尺（图 2-13）测量，如果工作现场没有壁厚千分尺，可以用外径千分尺配合钢球进行检测，如图 2-14 所示。

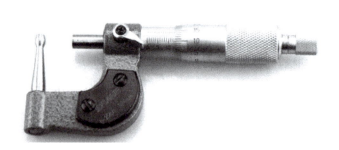

图 2-13 壁厚千分尺

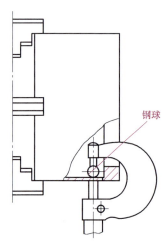

图 2-14 外径千分尺配合钢球检测壁厚

2．圆度误差的检测

薄壁工件的圆度误差可用圆度仪检测。方法是将薄壁工件放置在圆度仪的工作台上找正回转轴线，使圆度仪测头接触工件外圆并回转，通过传感器、放大器、滤波器、计算电路，最后显示测量结果，如图 2-15 所示。若输出的是实际轮廓图形，可用同心圆模板套装，将

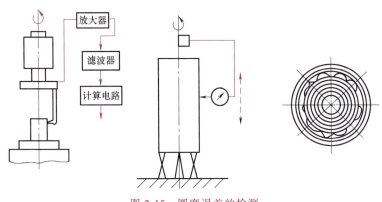

图 2-15 圆度误差的检测

两个包容同心圆的半径之差作为某个截圆的圆度误差。

3. 圆柱度误差的检测

生产中常用的检测圆柱度误差的方法有两点法和三点法。当被测轮廓为奇数棱圆时，用三点法检测。方法是将工件置于 V 形架上，如图 2-16 所示，在每个截面上工件回转一周，连续测量若干截面，最后以测微仪在整个测量过程中最大差值的一半作为圆柱度误差。当被测轮廓为偶数棱圆时，用两点法（图 2-17）检测，测量和取值方法与三点法相同，但需要使用 L 形固定支架。

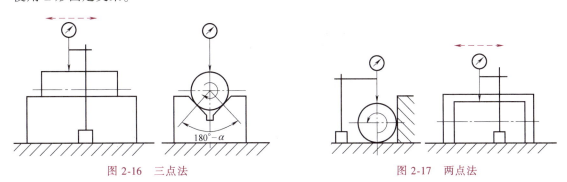

图 2-16 三点法　　　　　　　　　图 2-17 两点法

4. 误差分析（表 2-7）

表 2-7 误差产生原因及预防和排除方法

序号	误差	产生原因	预防和排除方法
1	形状为弧形三边或多边	夹紧力和弹性力	1）增大装夹接触面积，使工件表面受均匀背向力 2）采用轴向夹紧 3）装夹部位增加工艺肋，使夹紧力作用在工艺肋上
2	表面有振纹、工件不圆等	切削力	1）合理选择车刀的几何参数，使切削刃锋利 2）合理选择切削用量 3）分粗、精加工 4）充分加注切削液，以减少摩擦，降低切削温度
3	表面热膨胀变形	切削热	1）合理选择车刀的几何参数和切削用量 2）充分加注切削液
4	表面受压变形	测量力（较薄工件）	1）测量力要适当 2）增加测量接触面积

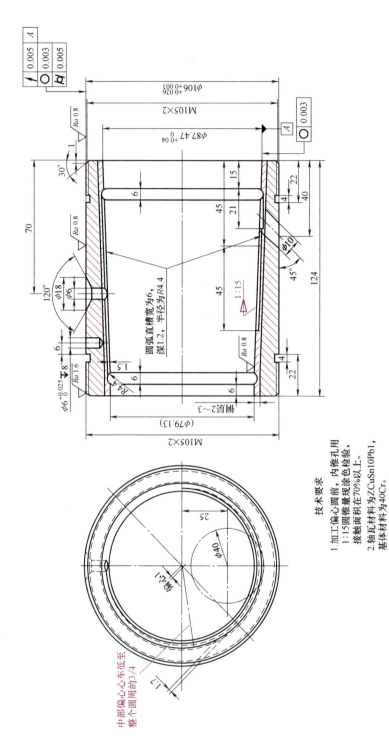

图 2-18 滑动轴承套

2.3 技能训练——滑动轴承套的加工

1. 分析图样

加工图 2-18 所示的滑动轴承套。

1）外圆柱面尺寸是 $\phi 106^{+0.026}_{+0.003}$ mm，表面粗糙度值为 $Ra0.8\mu m$。

2）内锥孔大端尺寸是 $\phi 87.4^{+0.04}_{0}$ mm，表面粗糙度值为 $Ra0.8\mu m$，在加工偏心锥孔前，内锥孔用 1∶15 圆锥量规涂色检验，接触面积应大于 70%。

3）$\phi 106^{+0.026}_{+0.003}$ mm 外圆的圆度公差为 0.003mm，圆柱度公差为 0.005mm。

4）$\phi 87.4^{+0.04}_{0}$ mm 内锥孔的圆度公差为 0.003mm。

5）$\phi 106^{+0.026}_{+0.003}$ mm 外圆表面对 $\phi 87.4^{+0.04}_{0}$ mm 内锥孔中心线的径向圆跳动公差为 0.005mm。

2. 制订加工工艺

1）工件是复合材料，线胀系数不一，受切削热影响会产生热变形，并且壁厚较薄，在切削力和夹紧力作用下，容易产生振动和变形。为保证加工质量，整个工艺过程划分为粗加工、半精加工和精加工三个阶段，以使粗加工中产生的误差和变形通过半精加工和精加工得以恢复，并逐步提高轴承套的精度和表面质量。

2）由于工件壁厚较薄，为减少夹紧变形，在精加工阶段应采取相应措施减少夹紧变形。

3）根据工件的结构和技术要求，采用了适当分散工序的办法。主要工序是粗车→半精车→精车→车螺纹→磨外圆→车偏心孔→拉油槽→铣→钻。

3. 工件的定位与夹紧

1）精车内锥孔和螺纹时，可采用具有较大接触面积的软爪卡盘，以减少夹紧变形和提高定位精度。

2）在以内锥孔定位磨削外圆时，为保证径向圆跳动的要求，可先加工如图 2-19 所示的锥度为 1∶15 的圆锥心轴。圆锥配合可做到无间隙配合，从而使同轴度大大提高。工件轴向夹紧可防止夹紧变形。

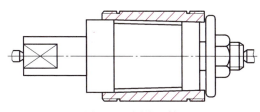

图 2-19 圆锥心轴

4. 选择刀具

1）加工两处宽 6mm、深 1.2mm 的圆弧沟槽时，根据计算，应采用 $R4.4$mm 圆头车刀。加工上、下两条圆弧直油槽时，应使用沟形圆头拉槽刀，半径也为 4.4mm。

2）加工直径为 40mm、宽 21mm 的圆弧油槽时，由于很少有直径不大于 40mm 的三面刃铣刀，因此改用直径为 40mm 的 T 形槽铣刀加工。

3）加工 $\phi 10$mm 斜通孔时，不能采用麻花钻钻孔，否则不易定心，并会将孔打偏。应用

ϕ10mm 键槽铣刀轴向进给加工。

5. 工件加工

滑动轴承套的加工步骤见表2-8。

表 2-8　滑动轴承套的加工步骤

工序号	工序名称	工序内容	工艺装备
1	铸造		
2	粗车	用自定心卡盘夹住右端外圆,车左端面,车出即可。粗车 $\phi 106^{+0.026}_{+0.003}$ mm 外圆至 ϕ108mm,长度大于 102mm	C6140A
3	粗车	工件调头装夹,车右端面,总长控制在 125mm。小滑板转动 1°54′32″,粗镗内锥孔,大端直径为 ϕ86mm	C6140A
4	半精车	用自定心卡盘夹住右端外圆,车左端面;半精车 $\phi 106^{+0.026}_{+0.003}$ mm 外圆至 $\phi 106^{\ 0}_{-0.10}$ mm,长度大于 101mm;半精车 M105×2 螺纹外圆至 $\phi 105.4^{\ 0}_{-0.10}$ mm	C6140A
5	半精车	工件调头,夹住左端外圆,车右端面,保证总长 124mm;半精车 M105×2 螺纹外圆至 $\phi 105.4^{\ 0}_{-0.10}$ mm;半精镗内锥孔,大端直径为 $\phi 87^{+0.10}_{\ 0}$ mm	C6140A
6	精车	用面积较大的软爪卡盘夹住外圆,转动小滑板 1°54′,精车内锥孔至尺寸,用圆锥量规涂色检验,接触面积大于 70%;用 R4.4mm 圆头内孔车槽刀切宽 6mm、深 1.2mm 两处圆弧沟槽	C6140A
7	车螺纹	用软爪卡盘夹住外圆,车 M105×2 螺纹外圆至 $\phi 105^{-0.10}_{-0.20}$ mm,长 22mm;车宽 4mm、深 1.5mm 的退刀槽;倒角 30°×1mm(轴向);车 M105×2 外螺纹至尺寸。调头装夹,用同样的方法车另一头螺纹	C6140A
8	外圆磨	工件以内锥孔在 1:15 锥度心轴上定位,轴向夹紧,精磨 $\phi 106^{+0.026}_{+0.003}$ mm 外圆至尺寸	M1432A
9	划线	在右端面上过中心划十字线,转 45°后再划一线;划出 $\phi 6^{+0.025}_{\ 0}$ mm、ϕ18mm×120°沉头孔及 ϕ10mm 斜通孔的中心位置	
10	车偏心锥孔	工件用单动卡盘装夹,在 45°线方向上偏心 1mm,找正后夹紧。用内沟槽车刀车长 45mm 的偏心锥孔(锥度为 1:15),中部偏心车至整个圆周的 3/4,45°线方向上最深为 1.7mm	C6140A
11	拉直油槽	用自定心卡盘夹住外圆,转动小滑板 1°54′,用沟形 R4.4mm 圆头拉槽刀,手动移动小滑板拉削上下两条圆弧直油槽,槽宽 6mm、深 1.2mm(批量较大时,用插床插直油槽)	C6140A
12	铣	工件以左端面放在立式铣床工作台台面上,找正后夹紧,根据划线,用 ϕ40mm 的 T 形槽铣刀加工 ϕ40mm、宽 21mm 的圆弧油槽	X5032
13	铣	工件以左端面放在倾斜 45°的角铁上,找正后夹紧,根据划线,用 ϕ10mm 键槽铣刀轴向进给,铣 ϕ10mm 斜通孔	X5032
14	钻	钻、铰 $\phi 6^{+0.025}_{\ 0}$ mm 孔,深 8mm,孔中心线距左端面 28mm;钻 ϕ6mm 径向通孔,孔中心线距右端面 70mm;锪 ϕ18mm 的 120°沉头孔	台式钻床
15	钳	去毛刺	

项目 3 螺纹加工

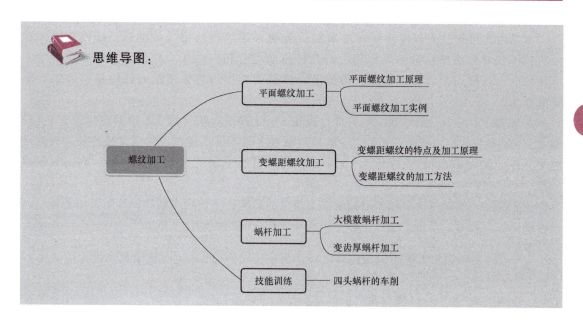

3.1 平面螺纹加工

平面旋转时,平面上的一点(圆心除外)等速偏离圆心所得到的轨迹称为平面螺旋线。平面螺纹的牙型与矩形螺纹相同,其螺纹以阿基米德螺旋线的形式形成于工件端平面上。

3.1.1 平面螺纹加工原理

由于平面螺纹是在平面上车削的,因此,与普通螺纹的车削不同,它是利用车床上的光杠将运动传递给中滑板的丝杠,再通过中滑板的丝杠带动刀架,按一定传动比车削出来的。所以在卧式车床上车削平面螺纹,主要是解决中滑板丝杠的传动问题。

3.1.2 平面螺纹加工实例

在车床上车削平面螺纹时,将光杠的运动传递给中滑板丝杠的方法一般有以下两种。

1. 利用交换齿轮传动比车削平面螺纹

利用现有机床上的交换齿轮机构,装上经计算后按一定传动比的交换齿轮,由光杠将运动传至中滑板丝杠,即可车出所需螺距的平面螺纹。例如,在 CA6140 型车床上车削一螺距 $P_\text{工} = 10\text{mm}$ 的平面螺纹,中滑板丝杠螺距 $P_\text{丝} = 5\text{mm}$,求交换齿轮齿数。

根据车床传动系统图（图 3-1），可得横向机动进给的传动结构式：

主轴Ⅵ→$\genfrac{\langle}{\rangle}{0pt}{}{\text{米制螺纹传动路线}}{\text{英制螺纹传动路线}}$→ⅩⅥ→$\frac{28}{56}$→ⅩⅧ（光杠）→$\frac{36}{32} \times \frac{32}{56}$→$M_6$（超越离合器）→（Ⅱ）→

$\frac{4}{29}$→（Ⅲ）→$\left\langle \genfrac{}{}{0pt}{}{\frac{40}{48} \to M_8 \uparrow}{\frac{40}{30} \times \frac{30}{40} \to M_8 \downarrow} \right\rangle$→（Ⅴ）→$\frac{49}{49} \times \frac{59}{19}$→（Ⅹ）→刀架

由结构式可知，光杠传动是通过米制（英制）螺纹传动路线传动的，故使用扩大螺距机构不仅对传动丝杠有扩大作用，对光杠传动也有相应的扩大作用。因此，在车削平面螺纹时，可使用扩大螺距机构，再配上计算后的交换齿轮，使横向进给量符合工件螺距的要求。

在系统传动图中，把轴Ⅶ左端的滑移齿轮 $z=58$ 移至右端（图 3-1 中的虚线位置），与轴Ⅷ上的齿轮 $z=26$ 相啮合。于是，主轴Ⅵ与轴Ⅶ之间不再是通过齿轮副直接传动，而是经轴Ⅴ、Ⅳ、Ⅲ及Ⅷ间的齿轮副传动。这种传动方式可使主轴至丝杠间的传动比增大 16 倍或 4 倍。

为了消除进给箱传动链较长对螺纹加工精度的影响，可使用车削非标螺距及精密螺纹时的传动路线。此时，车床主轴箱主轴与中滑板丝杠之间的传动比关系如下：

$\dfrac{P_\text{工}}{P_\text{丝}} = 16（\text{主轴箱扩大螺距机构传动比}） \times i（\text{交换齿轮传动比}） \times \dfrac{28}{56}（\text{进给箱内齿轮传动比}） \times$

$\dfrac{36}{32} \times \dfrac{32}{56} \times \dfrac{4}{29} \times \dfrac{40}{30} \times \dfrac{30}{48} \times \dfrac{48}{48} \times \dfrac{59}{18}$（溜板箱内齿轮及蜗杆副传动比）。

若 $P_\text{工}=10\text{mm}$、$P_\text{丝}=5\text{mm}$，把主轴箱变速手柄放在扩大螺距 16 倍的位置上，车削时交换齿轮传动比为：

$16 \times i \times \dfrac{28}{56} \times \dfrac{36}{32} \times \dfrac{32}{56} \times \dfrac{4}{29} \times \dfrac{40}{30} \times \dfrac{30}{48} \times \dfrac{48}{48} \times \dfrac{59}{18} = \dfrac{P_\text{工}}{P_\text{丝}} = 2$

则 $i = \dfrac{z_1}{z_2} \times \dfrac{z_3}{z_4} = \dfrac{84}{40} \times \dfrac{58}{118}$

$z_1 + z_2 = 84 + 40 > z_3 + 15 = 58 + 15$

$z_3 + z_4 = 58 + 118 > z_2 + 15 = 40 + 15$

使用这种方法车削平面螺纹时，其运动是由光杠传动中滑板的，不使用开合螺母，只能采用开倒顺车和直进法进行车削，进、退刀和背吃刀量的控制由小滑板来完成。又因运动由光杠传递，而传动路线又较长，所以产生的误差较大。同时，在车削过程中不能断开传动链，因此，难免产生乱牙和降低螺纹精度。

2. 利用齿轮传动装置车削平面螺纹

图 3-2 所示是利用车床主轴带动齿轮传动车削平面螺纹的一种装置。它通过装在主轴连接盘上的主动齿轮 1 经中间齿轮 2、3 带动从动齿轮 4，再由从动齿轮 4 通过固定座 9、10 支承的轴 8 带动主动锥齿轮 7 旋转，锥齿轮 7 带动被动锥齿轮 6 使中滑板丝杠 5 回转，从而带动中滑板使车刀移动，车出所需平面螺纹的。

车削时，主动齿轮 1 和从动齿轮 4 的传动比（图中中间齿轮 2、3 和锥齿轮 6、7 的齿数

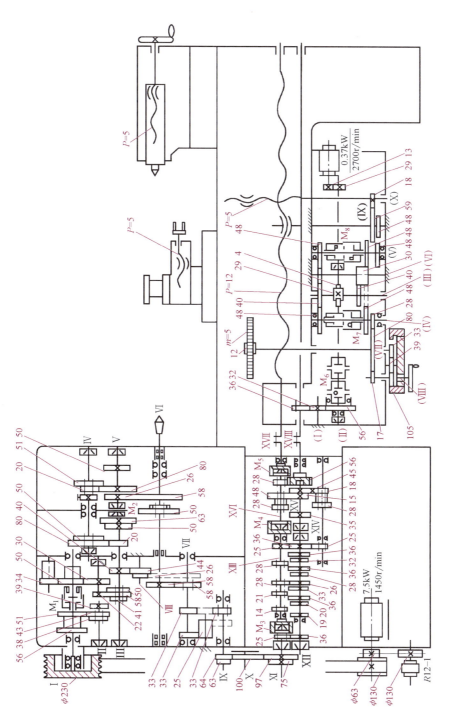

图 3-1 CA6140 型卧式车床传动系统图

是相同的）为

$$i = \frac{P_1}{P_{丝}} = \frac{z_1}{z_4}$$

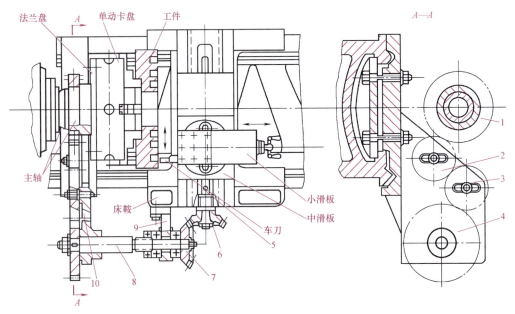

图 3-2 利用齿轮传动装置车削平面螺纹
1—主动齿轮 2、3—中间齿轮 4—从动齿轮
5—中滑板丝杠 6、7—锥齿轮 8—轴 9、10—固定座

加工配合在平面螺纹螺旋槽内的螺纹凸键，如自定心卡盘卡爪上的螺纹时（图 3-3），由于平面螺纹是以阿基米德螺旋线的形式形成的，因此必须注意螺纹凸键上的圆弧形，其外端半径应根据平面螺纹最小直径处（即最里面的）的螺旋线半径制造，其里端半径则应根据平面螺纹最大直径处（即最外面的）的螺旋线半径制造，否则将无法啮合传动。

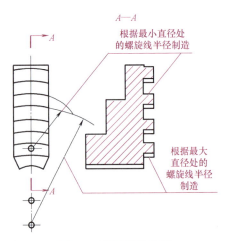

图 3-3 平面螺纹凸键

3.2 变螺距螺纹加工*

在螺纹的加工制造过程中,经常会遇到变螺距等宽槽、等棱宽、等底径的螺纹,这种变螺距螺纹的挤出性能优良,不但送料情况好,而且压缩比可变、出料口物料连续性好,应用在送料机构上,可以实现物料送进速度快、调整慢,物料送进位置可以改变的要求,因此,这种螺旋机构在制药机械和灌装设备上有较多的应用。

3.2.1 变螺距螺纹的特点及加工原理

变螺距螺纹是指沿螺纹轴线螺旋线方向,相邻两牙的螺纹螺距按一定规律变化的螺纹。一般的变螺距螺纹按照螺距递增或递减的形式形成,主要起到挤压作用和输送作用。

车削变螺距螺纹时有两个基本运动:一是车床主轴转一转,车刀移动一个螺距;二是在车刀移动一个螺距的同时,还按工件要求利用传动机构传给刀架一个附加的进给运动,这样才能车削出所需要的变螺距螺纹。

3.2.2 变螺距螺纹的加工方法

车削图 3-4 所示的变螺距螺杆,它是由一段等螺距螺纹和一段变螺距螺纹光滑连接起来的,其牙型角为 30°,螺纹大径呈圆锥体,螺纹小径尺寸要求相同(即牙顶高呈圆锥体高度而变化),表面粗糙度值全部为 $Ra3.2\mu m$。

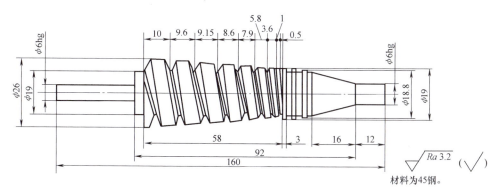

图 3-4 变螺距螺杆

在卧式车床上车削变螺距螺杆时,可采用图 3-5 所示的车削装置。其加工原理是利用凸轮附加运动进行车削的方法,通过计算采用适当的凸轮升距(或传动比值),来实现等螺距和变螺距两种运动的合成,可一次连续完成螺杆的加工。

加工方法和车削过程如下:

1)车床车螺纹传动链的调整。根据车床进给箱上的铭牌,调整手柄位置,车削时使工件获得 0.5mm 的螺距。

2)计算设计凸轮。使用正弦运动规律的凸轮(图 3-6),并通过变螺距螺杆车削装置的交换齿轮机构使凸轮按相应的速比传动,刀架获得附加进给运动。

3)刃磨螺纹车刀。根据螺纹牙型角 $\alpha=30°$ 的要求刃磨车刀,尽管此螺杆是变螺距螺纹,螺纹大径呈圆锥体,但螺纹小径尺寸是相同的,因此可按最大背吃刀量 3.5mm 刃磨。

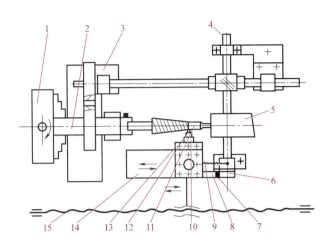

图 3-5 变螺距螺纹的车削装置

1—自定心卡盘 2—心轴 3—齿轮机构 4—凸轮轴 5—尾座套筒 6—盘形凸轮 7—滚珠 8—从动杆
9—弹簧 10—弹性刀夹 11—工件 12—车刀 13—对刀装置 14—小滑板 15—车床长丝杠

4)传动装置的使用。拆除小滑板丝杠，装上车削变螺距螺杆用盘形凸轮 6（图 3-5），并与弹簧 9 相配合来控制车削的进给运动。在弹性刀夹 10 之前装有对刀装置 13，用来解决车削时分次进给的"赶刀"问题。由于小滑板丝杠已被拆除，变螺距所需的附加运动直接由盘形凸轮 6 控制，而在每次车削行程中车刀轴向位置的微调、背吃刀量，则由对刀装置 13 控制。

车削时，车床主轴带动工件转动，通过车螺纹传动链和丝杠开合螺母副带动床鞍移动，使主轴每转一转，刀架移动一个螺距 $P=0.5$ mm。与此同时，主轴通过变螺距螺纹车削装置中的交换齿轮机构 3 使盘形凸轮 6 转动，刀架即获得进给运动，形成变螺距螺纹。

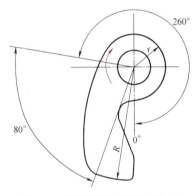

图 3-6 车削变螺距螺杆用凸轮

当盘形凸轮 6 在 0°~260°范围内转动时，由于凸轮曲线是一段等直径圆弧，此时，小滑板无附加的进给运动，而床鞍在丝杠的传动下，在 3mm 长度内切削出 $P=0.5$ mm 的一段等螺距螺纹。

当盘形凸轮 6 在 260°~340°范围内继续转动时，由于凸轮设计成一段正弦曲线，再加上一段每转过 10°，半径增大 0.5mm 的阿基米德螺旋线，从而推动小滑板沿轴向做附加的进给运动，使车刀车削出变螺距螺纹。

当盘形凸轮 6 在 340°~360°范围内继续转动时，凸轮曲线为等直径圆弧，小滑板将保持其终点位置不动，此时，车刀做径向退刀。主轴反转，使床鞍复位，同时小滑板也在弹簧的作用下退至起始点。再起动主轴正转，又可重新车削，直至达到图样要求。

使用该车削方法，由于凸轮曲线是按被加工的不等螺距螺杆的参数设计制造的，凸轮曲线决定了两种运动的合成，因此，在其整段工作轮廓曲线部分必须经多次试车，逐步测定，进行修正后方可使用。

3.3 蜗杆加工*

3.3.1 大模数蜗杆加工

1. 大模数蜗杆的特点

大模数蜗杆的轴向齿距较大,齿形较深,有一定加工难度,须合理地选择刀具材料、切削用量并正确刃磨刀具,如图 3-7 所示。

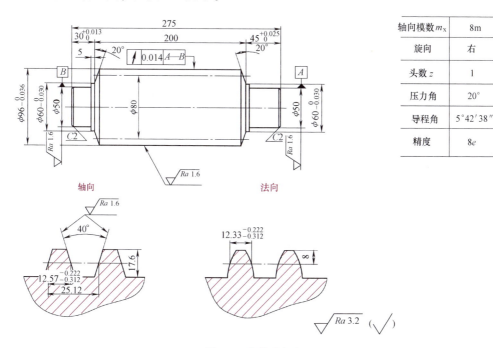

图 3-7 大模数蜗杆

车削时受导程角的影响,切削平面和基面位置发生了变化,使车刀静止时的前角和后角与工作时的数值有所不同。

导程角越大,对车削时前角和后角的影响就越显著。车削时,导程角会使车刀沿进给方向一侧后角的变小,使另一侧后角的变大。为了避免车刀后面与牙侧发生干涉,保证切削顺利进行,应将车刀沿进给方向一侧的后角加上导程角;为了保证车刀强度,应将车刀背着进给方向一侧的后角减去导程角。

同样,受导程角的影响,基面位置发生了变化,从而使车刀两侧的工作前角与静止前角也不相同。由于蜗杆牙槽较宽、较深,需要采用左右借刀法分层车削。如果车削时工作前角是负前角,则切削不顺利,排屑也很困难,尤其是在导程角较大的情况下,该问题尤为突出。为了改善上述状况,在刃磨粗车刀时,还需要考虑车刀左右两侧面的工作前角和排屑问题,切削右侧面精车刀的工作前角应大于或等于0°,以利于切削和排屑。

2. 大模数蜗杆的车削方法

(1) 刀具材料、刀具角度及刀具刃磨方法的选择 通过对零件的分析和计算各主要参数后,首先应合理地选择刀具材料及刀具刃磨方法。在切削过程中,直接完成切削工作的是车刀的切削部分,刀具能否顺利地完成切削工作,主要取决于刀具切削部分的材料性能和几何形状。根据具体状况,所加工的蜗杆导程较大,因此粗车时切削速度选择8m/min,转速为30r/min;精车时切削速度选择2.5m/min,转速为10r/min左右。在切削速度很低的情况下,显然不宜选择硬质合金材料的刀具,选用高速工具钢材料较合适。高速工具钢刀具刃磨方便,切削刃锋利,韧性好,刀尖和切削刃不易崩裂,加工的蜗杆表面粗糙度值小,适合低速车削和精车。

刃磨精车刀时,需要刃磨两把车刀分别对左右两侧面进行车削。因蜗杆螺旋角较大,精车刀左、右侧面可根据螺旋角的实际大小分别刃磨出不同的前角,这样有利于切削和排屑,也可使左、右侧面的工作前角尽可能一致。在刃磨卷屑槽时,要注意切削刃的平直,以免影响牙型角的精度,如图3-8、图3-9所示。

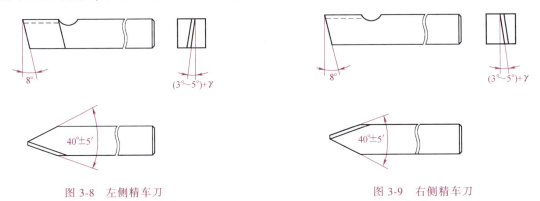

图3-8 左侧精车刀　　　　　　　图3-9 右侧精车刀

(2) 粗车　粗车蜗杆的切削余量较大,零件采用一夹一顶的方式装夹,自定心卡盘夹持处最好有轴肩,轴肩紧靠卡爪,能有效防止车削时零件的轴向窜动。粗车时,先用一把车槽刀车至蜗杆分度圆直径(留出0.5mm的精车余量),再用另一把车槽刀车至蜗杆齿根圆直径(留出0.5mm的精车余量),车槽刀宽度由轴向齿根槽宽 $e_f = 0.697m_x$ 算出。由于导程角较大、背吃刀量较大,故选用可转位弹簧刀排(图3-10),刀头体2可相对于刀杆1转动一个所需的导程角,然后用螺钉3锁紧。角度的大小可从头部的刻度线上读出。刀头体2下部还开有弹性槽,车削时不易产生扎刀现象。当车槽刀车至足够深度后,再用粗车成形刀左右分层粗车,留精车余量0.5mm。粗车时切削速度选择8m/min,转速为30r/min左右。在车削过程中,要加注充足的切削液。

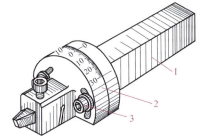

图3-10 可转位弹簧刀排
1—刀杆　2—刀头体　3—螺钉

(3) 精车

1) 安装零件和刀具。用卧式车床精车蜗杆时,车床要有足够的刚性,刀具要有足够的强度。由于蜗杆的齿形较深,为保证在切削过程中工件具有足够的刚性,采取一夹一顶的方式装夹工件,由自定心卡盘装夹,夹持表面应包有薄铜皮,装夹部位同粗车。蜗杆精车刀按水平装刀法安装,用样板或角度尺找正车刀。

2) 对刀。对刀前应调整好床鞍、中滑板和小滑板的间隙。先在静止状态下对刀，具体方法是摇动床鞍手轮将车刀移至牙槽处，压下开合螺母，此时应注意开合螺母和机床丝杠之间的间隙，摇动小滑板手柄和中滑板手柄，使精车刀的切削刃正好对准已粗车的螺旋槽中，并使刀具前切削刃轻轻地与槽底接触，记住此时中滑板的刻度值并退回刀具，不能抬起开合螺母。静止状态对完刀后，再对床鞍、中滑板和小滑板的间隙进行调整，然后用动态法继续精确对刀，具体方法是正转主轴，在刀架移动的过程中，摇动中滑板和小滑板手柄，使车刀左切削刃和前切削刃或右切削刃和前切削刃轻轻接触工件，记住此时中滑板刻度后再退刀。

3) 车削。精车进给前，应调整好转速，精车时的切削速度选择2.5m/min，转速为10r/min左右。开正反车再次确认对刀是否准确，确认无误后，方可精车。先精车右侧面：调整小滑板，使车刀右切削刃与右侧面接触后退回起始位置，以背吃刀量0.03~0.005mm逐渐递减车削右侧面，使表面粗糙度达到要求即可，其余量在精车左侧面时切除。精车左侧面与精车右侧面类似，调整小滑板左切削刃与左侧面接触后退回起始位置，逐渐将左侧面车至法向齿厚的尺寸要求，使表面粗糙度达到要求，同时将牙底车至尺寸。在此过程中，要用充足的切削液进行冷却和润滑，以保证切削过程中刀具保持锋利和零件表面光洁。精车时由于切削面积较大，会出现不同程度的振动，为避免振动，应先调整中滑板螺母间隙，可在开合螺母的手柄上吊挂配重，以防开合螺母在车削时有轻微抬起现象而导致齿距出错引起"扎刀"。还可边进给边用手扶住大滑板手柄，以防因大滑板手柄在转动中的冲击而导致蜗杆齿厚不均匀，这样效果会很好。

3.3.2 变齿厚蜗杆加工

1. 识读变齿厚蜗杆的工作图

变齿厚蜗杆是普通蜗杆的一种变形，由于其左、右两部分的导程不相等，使蜗杆齿厚逐渐变小或变大，故又称双导程蜗杆。变齿厚蜗杆常用于调整精密蜗杆副的间隙，以提高传动精度。

图3-11所示是一种等齿形角、对称齿形的圆柱阿基米德变齿厚蜗杆。

2. 车削变齿厚蜗杆的工艺准备

(1) 主要技术要求

1) 蜗杆轴向模数 $m_x = 8$mm，右旋，齿形角 $\alpha = 22.5°$，精度为7级，齿面粗糙度值为 $Ra1.6\mu m$。

2) 蜗杆标准导程（即按模数 $m = 8$mm 计算）$p_z = 25.133$mm，左侧导程 $p_{zL} = 24.862$mm，右侧导程 $p_{zR} = 25.404$mm，相邻齿厚差（即螺旋面检测基准线两侧轴向齿距差）$\Delta p_x = 0.542$mm。

3) 蜗杆分度圆直径 $d_1 = \phi 88$mm，齿顶圆直径 $d_a = \phi 104h7$，对两端 $\phi 65_{-0.019}^{0}$mm 基准外圆轴线的径向圆跳动公差为0.02mm。

(2) 车削工艺计算 变齿厚蜗杆的加工，就是以标准导程为准，利用交换齿轮传动比来增大或减小左右两侧导程，形成不同的齿厚。车削变齿厚蜗杆时，主要解决以下两个问题：

1) 左右非标准导程的形成。变齿厚蜗杆有三个导程，即标准导程 p_z、左侧导程 p_{zL} 和右侧导程 p_{zR}。标准导程主要用于设计计算，实际加工中主要形成的是左侧导程 p_{zL} 和右侧

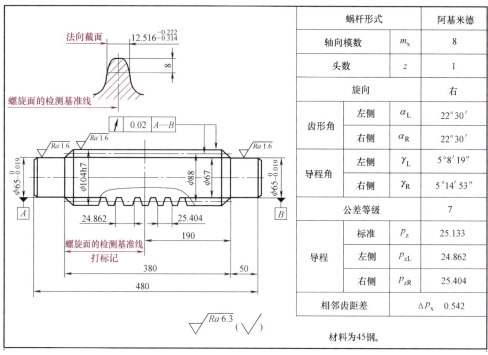

图 3-11 变齿厚蜗杆

导程 p_{zR}。一般变齿厚蜗杆的 p_z 是按标准模数计算的值，而 p_{zL} 和 p_{zR} 则是非标准值，在卧式车床进给箱的铭牌上是没有标注的，为形成 p_{zL} 和 p_{zR} 值，可通过改变车床上交换齿轮的齿数来增大或减小蜗杆的导程，交换齿轮的计算方法如下：

① 由主轴通过交换齿轮直接带动车床丝杠车削时的计算。例如，在 CA6140 型卧式车床上车削非标准螺纹的传动路线（图 3-1），其传动链结构式为

$$主轴 VI \rightarrow \frac{58}{58} \rightarrow VII \rightarrow \frac{33}{33} \rightarrow IX \rightarrow \frac{z_1}{z_2} \times \frac{z_3}{z_4} \rightarrow XI \rightarrow M_3 \rightarrow XIV \rightarrow M_4 \rightarrow XVI \rightarrow M_5 \rightarrow 丝杠 \rightarrow 刀架$$

交换齿轮的计算如下：

$$i = \frac{p_z}{P_{丝}} = \frac{z_1 \pi m_x}{P_{丝}} = \frac{z_1}{z_2} \times \frac{z_3}{z_4} \tag{3-1}$$

式中　p_z——蜗杆导程（mm）；

　　　$P_{丝}$——车床丝杠螺距（mm）；

　　　z_1——蜗杆头数；

　　　m_x——蜗杆轴向模数（mm）；

　　　z_1、z_3——主动齿轮齿数；

　　　z_2、z_4——被动齿轮齿数。

为了便于计算，公式中的 π 值一般取近似值 22/7。

CA6140 型车床丝杠螺距 $P_{丝}$ = 12mm，则交换齿轮齿数为

$$i_{左} = \frac{24.862 \text{mm}}{12 \text{mm}} = \frac{22}{7} \times \frac{7.9138}{12} = \frac{110}{70} \times \frac{120}{91}$$

$$z_1+z_2=110+70>z_3+15=120+15$$
$$z_3+z_4=120+91>z_2+15=70+15$$
$$i_{右}=\frac{25.404\text{mm}}{12\text{mm}}=\frac{22}{7}\times\frac{8.0863}{12}=\frac{110}{70}\times\frac{124}{92}$$
$$z_1+z_2=110+70>z_3+15=124+15$$
$$z_3+z_4=124+92>z_2+15=70+15$$

计算后的交换齿轮齿数，应根据蜗杆精度要求核算其传动比的值是否精确。

$$p_{zL1}=\frac{110}{70}\times\frac{120}{91}\times12\text{mm}=24.867\text{mm}$$
$$\Delta p_{zL}=p_{zL1}-p_{zL}=24.867\text{mm}-24.862\text{mm}=0.005\text{mm}$$
$$p_{zR1}=\frac{110}{70}\times\frac{124}{92}\times12\text{mm}=25.416\text{mm}$$
$$\Delta p_{zR}=p_{zR1}-p_{zR}=25.416\text{mm}-25.404\text{mm}=0.012\text{mm}$$

说明交换齿轮传动比的值满足图样要求。

② 根据车削 $m_x=8\text{mm}$ 的传动路线，改变交换齿轮齿数，达到左右两侧导程车削要求，交换齿轮的计算如下

$$i_{新}=\frac{p_{zL}p_{zR}}{p_z}\times i_{原}=\frac{z_1}{z_2}\frac{z_3}{z_4} \quad (3-2)$$

式中　　$i_{新}$——计算后的交换齿轮传动比；

　　　　p_{zL}——所要车削的左侧导程（mm）；

　　　　p_{zR}——所要车削的右侧导程（mm）；

　　　　p_z——按标准模数计算的导程（mm）；

　　　　$i_{原}$——原交换齿轮传动比；

z_1、z_2、z_3、z_4——新选用的交换齿轮齿数。

设此变齿厚蜗杆在 CA6140 型卧式车床上车削，查进给箱上的铭牌，原交换齿轮传动比 $i_{原}=\frac{64}{100}\times\frac{100}{97}$，则车削左侧导程的交换齿轮齿数为

$$i_{新}=z_1+z_2=92+93>z_3+15=64+15$$
$$z_3+z_4=64+97>z_2+15=93+15$$

车右侧导程的交换齿轮齿数为

$$i_{新}=\frac{25.404\text{mm}}{25.133\text{mm}}\times\frac{64}{100}\times\frac{100}{97}=\frac{92}{93}\times\frac{64}{97}$$
$$z_1+z_2=92+93>z_3+15=64+15$$
$$z_3+z_4=64+97>z_2+15=93+15$$

根据蜗杆精度要求，核算其传动比的值是否精确。

若车削轴向模数 $m_x=8\text{mm}$ 蜗杆的传动链方程式（图 3-1）为（使用扩大 16 倍螺距机构）

$$p_{zL1}=16\times\frac{33}{33}\times\frac{92}{93}\times\frac{64}{97}\times\frac{25}{36}\times\frac{32}{28}\times\frac{25}{36}\times\frac{36}{25}\times\frac{28}{35}\times\frac{15}{48}\times12=24.864\text{mm}$$

$$\Delta p_{zL} = p_{zL1} - p_{zL} = 24.864\text{mm} - 24.862\text{mm} = 0.002\text{mm}$$

$$p_{zR1} = 16 \times \frac{33}{33} \times \frac{94}{93} \times \frac{64}{97} \times \frac{25}{36} \times \frac{32}{28} \times \frac{25}{36} \times \frac{36}{25} \times \frac{28}{35} \times \frac{15}{48} \times 12 = 25.405\text{mm}$$

$$\Delta p_{zR} = p_{zR1} - p_{zR} = 25.405\text{mm} - 25.404\text{mm} = 0.001\text{mm}$$

说明交换齿轮传动比的值满足图样要求。

2）轴向最小齿根槽宽和最小齿间槽宽的计算。在变齿厚蜗杆中，与其齿厚沿轴向逐渐变厚或变薄相一致，相应的轴向齿根槽宽和齿间槽宽也逐渐变窄或变宽（图3-12）。当齿根槽宽减小到一定值时，车削蜗杆左右两侧齿面的蜗杆车刀，将与相应的齿槽侧面发生干涉，甚至使变齿厚蜗杆无法加工。

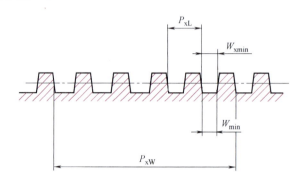

图3-12 轴向齿根槽宽和齿间槽宽随齿厚的变化

轴向齿根槽的最小宽度应大于蜗杆车刀刀头宽度（刀头宽度一般为2mm左右），在车削变齿厚蜗杆时，这是很重要的。轴向最小齿根槽宽和最小齿间槽宽的计算公式为

$$W_{\min} = W_{x\min} - h_{f1}(\tan\alpha_L + \tan\alpha_R) \tag{3-3}$$

$$W_{x\min} = p_{xL} - s_x - \frac{p_{xW}}{p_x}\Delta p_x \tag{3-4}$$

式中 $W_{\min}$——蜗杆最小齿根槽宽（mm）；

$W_{x\min}$——蜗杆最小齿间槽宽（mm）；

h_{f1}——齿根高（mm）；

α_L——蜗杆左侧齿形角（°）；

α_R——蜗杆右侧齿形角（°）；

p_{xL}——蜗杆左侧轴向齿距（mm）；

s_x——轴向齿厚（mm），$s_x = \frac{1}{2}\pi m_x$；

p_{xW}——蜗杆最小齿间宽侧面到标准齿间槽宽侧面的同侧距离（mm）；

p_x——轴向齿距（mm）；

Δp_x——蜗杆相邻齿距差（mm），$\Delta p_x = \pi\Delta m_x = \pi(m_{xR} - m_{xL})$。

当计算出 $W_{\min} < 2\text{mm}$ 时，应更改设计，调整蜗杆相邻齿距差，以增大蜗杆最小齿根槽宽 $W_{\min}$。若不便更改，可在蜗杆最小齿根槽宽小于2mm处，车出大于或等于2mm的齿根槽，这将减小靠近最大轴向齿厚处个别齿的有效高度，但考虑到这些个别齿一般不参加实际啮合，故可忽略其影响。

蜗杆最小齿根槽宽必须大于2mm，至于具体大多少为宜，应考虑被加工变齿厚蜗杆的模数、相邻齿距差的大小以及加工方法等因素。

根据式（3-3）、式（3-4）计算 W_{min} 及 W_{xmin}。已知 $p_{xL}=24.862\text{mm}$，$\Delta p_x = 0.542\text{mm}$，$s_x = \dfrac{\pi m_x}{2} = \dfrac{\pi \times 8\text{mm}}{2} = 12.566\text{mm}$，$h_{f1} = 1.2 m_x = 9.6\text{mm}$，$\alpha_L = \alpha_R = 22°30'$，则

$$Z(蜗杆齿数) = \frac{\left(190 - 12.566 - \dfrac{1}{2} \times 12.566\right)}{24.862} = 6.88$$

取 $Z=6$，可得

$$p_{xW} = 24.862\text{mm} \times 6 = 149.172\text{mm}$$

$$W_{xmin} = 24.862\text{mm} - 12.566\text{mm} - \frac{149.172\text{mm}}{25.133\text{mm}} \times 0.542\text{mm}$$

$$= 9.079\text{mm}$$

$$W_{min} = 9.079\text{mm} - 9.6\text{mm} \times (\tan 22°30' + \tan 22°30')$$

$$= 1.126\text{mm} < 2\text{mm}$$

$W_{min} < 2\text{mm}$ 时将发生干涉现象，如图3-13所示。当齿槽右侧面车刀的刀尖位于蜗杆轴向齿根槽最小宽度中点 B 处时，正好是右侧面车成的时候。若蜗杆轴向最小齿根槽宽为2mm，则车刀刀尖宽度 AB 必须小于1mm，否则就会与对面齿面（齿槽左侧面）发生干涉。由于车刀刀尖处磨有前角、主后角和副后角，为保证刀尖的强度，刀尖宽度 AB 必须大于或等于2mm。因此车削时，应增大最小齿根槽宽，以避免发生干涉现象。

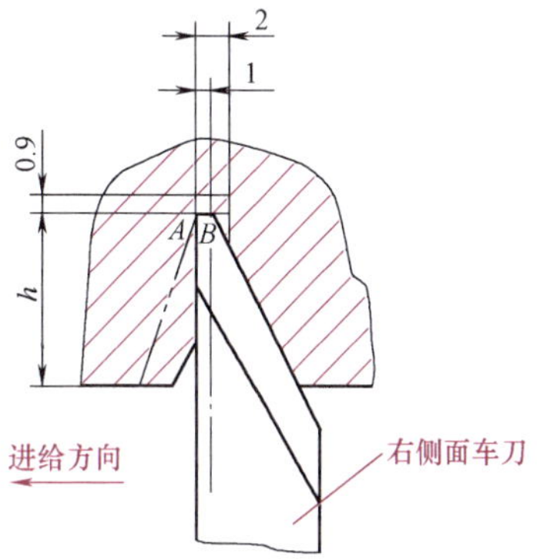

（3）变齿厚蜗杆的车削方法　车削变齿厚蜗杆时，不论是粗车或精车，都应根据其左右侧导程（单头蜗杆为轴向齿距）分别进行车削。其他操作与车削普通蜗杆基本相同，但应注意以下几个问题：

1）粗、精车左侧导程（p_{zL}）和右侧导程（p_{zR}）时，应根据计算好的交换齿轮齿数调整机床。左侧齿槽面与右侧齿槽面应分别车削。

图3-13　车削变齿厚蜗杆时的干涉现象

2）蜗杆形式为阿基米德变齿厚蜗杆，车削时，为了保持齿形正确，应把车刀切削刃组成平面装在水平位置上，并与蜗杆轴线在同一水平面内。

3）粗、精车齿面时，为保证切削顺利，蜗杆车刀的切削刃应磨出前角（车削左侧导程时，车刀前角取 $\gamma_o = 10° \sim 15°$；车削右侧导程时，车刀前角取 $\gamma_o = 20° \sim 25°$），并带有卷屑槽。要求切削刃平直，表面粗糙度值小。

4）粗车齿槽时，为提高切削效率，可采用车槽法，先用刀头宽度等于最小齿间槽宽的直槽刀车至分度圆直径处，再用刀头宽度等于最小齿根槽宽度（应大于蜗杆车刀刀头宽度1mm）的直槽刀车至齿根圆直径 d_f（$d_f = d_1 - 2.4 m_x = 88\text{mm} - 2.4 \times 8\text{mm} = 68.8\text{mm}$）处。注意：两槽应保持对称，以防粗、精车齿面时留有刀痕。

5）分别车削左侧齿槽面及右侧齿槽面时，为保证在螺旋面的检测基准线上法向齿厚 s_n

$= 12.516_{-0.314}^{-0.222}$ mm，同时保证基准线两侧的左、右导程 $p_{zL} = 24.862$ mm 和 $p_{zR} = 25.404$ mm，关键问题是要掌握好车削两侧左、右螺旋槽时的起始点，因此在车削螺旋槽时，必须经划线对刀（有条件的应自制一根对刀量棒），如图 3-14 所示。具体方法如下：首先划出螺旋面检测基准线及轴线，在两线交点处用样冲轻敲一冲点（图 3-14 中的 A 点）作为对刀、测量时的基准点；同时，根据基准线划出轴向齿厚尺寸 $s_x = 12.566$ mm，按导程 $p_z = 25.133$ mm 划出基准线两侧轴向齿根槽宽 W。车削时，直槽刀或蜗杆车刀应对准齿根槽宽中点，如车削右侧导程时，应对准基准线右侧齿根槽宽中点，并按下开合螺母，退刀至起始位置后即可车削；车削左侧导程时，应对准基准线左侧齿根槽宽中点。

为保证对刀位置正确，工件应装夹在两顶尖间车削，这样每次装卸仍能保证精度。在车直槽及粗、精车两侧齿槽面时，应经常使用对刀量棒对刀。

3. 变齿厚蜗杆的精度检测

（1）螺旋面基准线处（图 3-14 中的 A 点处）法向齿厚 $s_n = 12.516_{-0.314}^{-0.222}$ mm 的检测　用游标齿厚卡尺测量法向齿厚。测

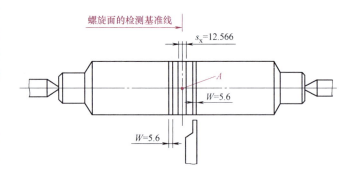

图 3-14　车削变齿厚蜗杆的对刀方法

量时，把游标齿厚卡尺读数调整到齿顶高尺寸（等于模数 $m_x = 8$ mm），将游标齿厚卡尺法向卡入齿廓，调节微调螺钉，使两卡爪轻轻接触测量面，读数值应在 12.202～12.294 mm 范围内。

（2）螺旋面基准线两侧左、右侧导程 $p_{zL} = 24.862$ mm 和 $p_{zR} = 25.404$ mm 的检测　可在万能工具显微镜上检测左、右侧导程。万能工具显微镜的结构如图 3-15 所示，用手摇手轮 16，纵向滑台 18（顶尖座安装在纵向滑台上）沿着底座 15 的导轨做纵向进给，再转动纵向微动装置鼓轮 17 使被测零件微动到测量位置，并可将纵向滑台锁紧在任何位置上。纵向移动量由 200mm 玻璃刻度尺 20（固定在纵向滑台 18 上）显示，通过纵向读数器 2 读数。

推动手柄 13，使横向滑台 11（安装有主显微镜、主照明装置等）沿着底座 15 的导轨做横向进给，然后转动横向微动装置鼓轮 14，使横向滑台微动到测量零件的位置，并可锁紧横向滑台在任何位置上。横向移动量由 100mm 玻璃刻度尺（固定在横向滑台 11 上）显示，通过横向读数器 1 读数。

主显微镜（由物镜 4、测角目镜 5、臂架 7 组成）测量时，转动手轮 9，使其沿立柱 6 的垂直导轨做上下运动进行调焦。从目镜中可看到清晰的放大零件实像。转动手轮 10，使立柱 6 左右倾斜（倾斜角度范围为 0°～15°），用于在测量螺纹时体现螺纹升角，使光线沿螺旋线方向射入物镜，达到影像清晰且不发生畸变的目的。

纵、横向读数装置的结构相同。读数器视场（图 3-16）上的"24"是玻璃刻度尺的数值，玻璃刻度尺的分度值是 1mm，示值范围纵向为 200mm、横向为 100mm。读数器视场上有 11 个光缝，其分度值为 0.1mm，最大允许误差为 1mm。读数器鼓轮 21 上刻有 100 个刻线，其分度值为 0.001mm，最大允许误差为 0.1mm。旋转读数器鼓轮 21，对玻璃刻度尺的毫米刻线细分读数如图 3-16 所示，数值为 24.865mm。调零手轮 3 用于初始调零。

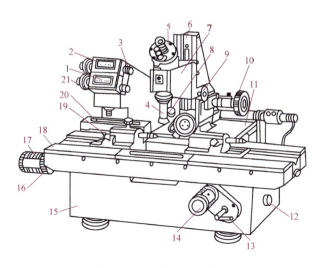

图 3-15　万能工具显微镜

1—横向读数器　2—纵向读数器　3—调零手轮　4—物镜　5—测角目镜　6—立柱
7—臂架　8—反射照明器　9、10、16—手轮　11—横向滑台　12—仪器调平螺钉
13—手柄　14—横向微动装置鼓轮　15—底座　17—纵向微动装置鼓轮　18—纵向滑台
19—紧固螺钉　20—玻璃刻度尺　21—读数器鼓轮

测量时，把工件装夹在顶尖座上，选择合适的可变光栅孔径，先移动纵、横向滑台18及11，使被测蜗杆齿廓出现在目镜视场中。为了获得清晰的螺纹轮廓影像，调整显微镜焦距，并将立柱6顺着螺旋面方向倾斜一个导程角 γ。转动纵、横向微动装置鼓轮17和14，使中央目镜米字线中心虚线与齿面一侧的影像对准重合，且米字线交点大致在蜗杆分度圆处，如图3-17所示，记下纵向读数器的读数。然后保持横向位置不变，立柱倾斜角 γ 不变（图中未示出），纵向移动被测蜗杆，使米字线的中心虚线与相邻同侧牙型的影像对准重合，记下纵向第二次读数，两次纵向读数之差即为实际齿距。由于蜗杆是变齿厚的，因此无法测出另一侧的轴向齿距。在测量轴向齿距的同时对齿形角进行测量。

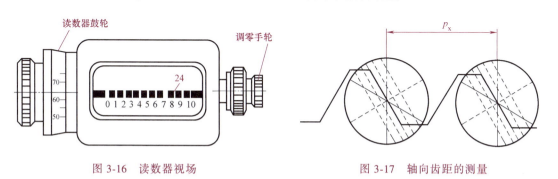

图 3-16　读数器视场　　　　　图 3-17　轴向齿距的测量

3.4　技能训练——四头蜗杆的车削

车削图3-18所示的四头蜗杆。

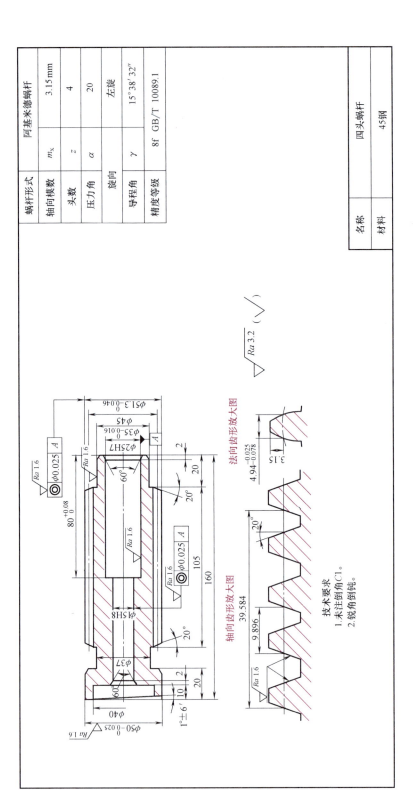

图 3-18 四头蜗杆

项目3 螺纹加工

1. 分析图样

主要技术要求如下：

1) 蜗杆外圆 $\phi 51.3_{-0.046}^{0}$mm 对 ϕ25H7mm 孔的同轴度公差为 ϕ0.025mm。
2) ϕ15H8 孔对 ϕ25H7 孔的同轴度公差为 ϕ0.025mm。
3) ϕ15H8 孔和 ϕ25H7 孔的表面粗糙度值为 Ra1.6μm。
4) 蜗杆、外圆 $\phi 50_{-0.025}^{0}$mm、$\phi 35_{-0.016}^{0}$mm 的表面粗糙度值为 Ra1.6μm。
5) 蜗杆的轴向模数是 3.15mm，头数为 4，旋向是左旋。

2. 加工准备

1) 加工机床选择 CA6140 型卧式车床。
2) 车削左旋蜗杆的刀具，其右侧后角应大于 16°，蜗杆粗车刀选用大的前角。

3. 工件加工

四头蜗杆的加工步骤见表 3-1。

表 3-1 四头蜗杆的加工步骤

工序号	工序名称	工序内容	工艺装备
1	车	用自定心卡盘装夹工件右端，粗车 $\phi 50_{-0.025}^{0}$ 到 ϕ52mm，长度 30mm；钻孔 ϕ13.5mm，长 80mm	CA6140
2	车	工件调头车左端面，钻中心孔	CA6140
3	车	一夹一顶安装，粗车 $\phi 51.3_{-0.046}^{0}$mm，$\phi 35_{-0.016}^{0}$mm 留 2mm 精车余量，车槽 ϕ37mm×15mm	CA6140
4	车	精车 $\phi 51.3_{-0.046}^{0}$mm、$\phi 35_{-0.016}^{0}$mm，倒角，粗、精车四头蜗杆	CA6140
5	车	用自定心卡盘装夹 ϕ52mm 外圆，钻孔 ϕ24mm，长度 80mm；粗车孔 ϕ25H7、ϕ15H8，精车孔 ϕ25H7，长度 80mm，铰孔 ϕ15H8，倒角 60°	CA6140
6	车	工件调头，用软卡爪夹蜗杆外圆 $\phi 51.3_{-0.046}^{0}$mm，车端面，保证总长 160mm；粗、精车外圆 $\phi 50_{-0.025}^{0}$mm，车孔 ϕ40mm，长度 10mm，倒角 60°	CA6140
7	铣	铣削斜面	X6132

项目 4

畸形工件和薄板类工件加工

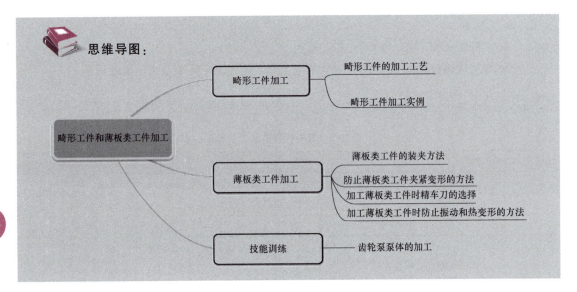

思维导图：

4.1 畸形工件加工

畸形工件在机器中的作用不同，其结构和形状有较大的差异，但它们的共同特点是结构复杂，外形不规则，装夹不方便，刚性差，加工时在切削力和夹紧力的作用下容易产生变形等。这些特点给加工和装夹带来了一定困难，因此必须重视定位基准和装夹方式的选择，以避免或减少加工中的变形。

4.1.1 畸形工件的加工工艺

1. 加工工艺过程分析

由于畸形工件的形状复杂且外形不规则，精度要求也高，通常难以使用常用方法进行加工，所以在加工前，应先进行工艺过程分析。

（1）选择主要定位基准面　主要定位基准面应尽量和工件的设计基准线、装配基准面一致，以利于达到装配和配合的要求。选择主要定位基准面时应从以下几方面考虑：

1）主要定位基准面尺寸应尽量大，并尽量靠近要加工的部位。

2）当工件外表面不需要全部加工时，应尽量选取不加工表面作为主要定位粗基准面。

3）若工件所有表面都要加工，则应以加工余量最小的表面为主要定位基准面。

（2）导向定位基准和止推定位基准的选择　选择工件上需校直或有对称要求的部位作

为导向定位基准；选择对加工部位有相对要求的面作为止推定位基准；没有要求时，以最长表面为导向定位基准，以最小表面为止推定位基准。

(3) 工件的正确装夹

1) 以毛坯面作为定位基准时，该面与花盘或角铁应成三点接触，且三点间距离应尽可能地大，各点与工件的接触面积应尽可能地小。

2) 若以已加工过的面为定位基准，则可使其全部或大部分与花盘或角铁平面接触，接触面积不受限制。

3) 应尽可能做到对工件进行一次装夹，即完成全部或大部分的加工内容，以避免因换基准而带来加工误差。

4) 夹紧力作用位置应指向主要定位基准面，且尽量靠近加工面，并尽可能与支承部分的接触面相对应，以保证装夹牢固，避免造成工件变形。

5) 对于大型工件及形状特殊的工件，还应采用辅助支承，以增加装夹的稳定性。

(4) 工件的找正　对于单件加工工件，根据图样要求划线并找正，确定工件在机床上占据的位置，并使加工部位的轴线与车床主轴回转轴线一致。

2. 畸形工件的测量方法

畸形工件各加工表面除了有尺寸精度、几何形状精度和表面粗糙度要求外，其突出的问题是各表面位置精度要求的项目多，且精度高。测量时，应以工件的设计基准和装配基准为测量基准，分别测量各表面的尺寸精度、位置精度和几何形状精度。尺寸精度和形状精度按一般工件测量，位置精度按下述方法测量。

(1) 面对面的平行度误差　用检验平板模拟理想基准，用指示表、千分尺等沿各个方向移动来检测。

(2) 线对面的平行度误差　用心轴模拟被测轴线，检验平板模拟理想基准，用指示表、千分尺等在心轴两端检测。

(3) 线对线的平行度误差　用两心轴分别模拟被测轴线与基准轴线，用等高V形架支承基准心轴，用指示表、千分尺、测微仪等在心轴两端检测，然后旋转90°，测量另一个方向的平行度误差。

(4) 面对面的垂直度误差　以方箱为垂直平面模拟基准，以检验平板为水平模拟理想基准，工件测量基准紧靠方箱，用指示表、千分尺等沿被测表面移动来检测。

(5) 线对线的垂直度误差　用两心轴分别模拟被测轴线与基准轴线，基准轴线垂直放置，用指示表、测微仪等在心轴两端检测。

(6) 线对面的垂直度误差　以方箱为垂直平面模拟基准，检验平板为水平模拟理想基准，用心轴模拟被测轴线，工件测量基准紧靠方箱，用指示表、千分尺等在心轴两端检测。

(7) 同轴度误差

1) 测量壁厚法。当内孔和外圆的形状误差较小时，其同轴度误差等于最大壁厚与最小壁厚之差。

2) 平板上用指示表测量法。

① 以轴线为基准时的测量。将心轴插入孔内（无间隙配合并调整被测工件），使其基准轴线与平板平行。用指示表、千分尺等在靠近被测孔的心轴两端进行检测；工件翻转90°，用同一方法测量，两次测量中的最大值为同轴度误差。

② 以公共轴线为基准时的测量。把被测工件基准轮廓的中截面放置在两等高的刃口状V形架上，再将两指示器在工件上、下素线上调整零位。沿轴向测量，读取各位置上对应的读数差值$|M_a-M_b|$；工件翻转90°，用同一方法测量，以各截面读数差中的最大值作为同轴度误差。

3. 畸形工件误差分析

（1）尺寸精度不符合图样要求的原因

1）量具选用不当或测量方法不正确，读数错误。

2）受切削热的影响（特别是薄壁工件），致使工件尺寸发生变化。

3）看错图样，尺寸链计算错误或没有进行试切削。

4）形状误差过大造成尺寸精度超差。

（2）几何误差不符合图样要求的原因

1）花盘、角铁装夹基准面的形状、位置精度（如平面度和垂直度）不符合要求，或有毛刺、夹杂物等。

2）定位基准面选择不正确，找正方法不当或未达到要求。

3）夹紧方法不当，造成工件变形；或因夹紧不可靠，使工件产生移位。

4）机床间隙未调整适当或未经仔细平衡，而出现加工误差。

5）机床导轨的直线度误差、导轨与主轴轴线的平行度误差的影响。

6）刀杆刚性较差、悬伸长度较大，精车时刀具磨损，加工余量与工件材质不均匀或切削用量选取不当，切削热量在工件壁厚不等时的影响。

（3）表面质量不符合图样要求的原因

1）工艺系统刚度不足而造成振动。

2）刀具几何角度选择不当或刀具磨钝。

3）切削用量选用不当。

4.1.2 畸形工件加工实例

加工图4-1所示连杆，其在车床上的加工内容及技术要求如下。

1. 连杆的技术要求

1）底平面A为基准平面，表面粗糙度值为$Ra1.6\mu m$。

2）$\phi 90^{+0.022}_{-0.013}$mm孔的圆度公差为0.01mm，其中心线对底平面$A$的垂直度公差为0.02mm/100mm，表面粗糙度值为$Ra1.6\mu m$。

3）Tr40×6梯形内螺纹轴线对平面A的平行度公差为0.03mm/100mm；与$\phi 90^{+0.022}_{-0.013}$mm孔中心线在同一平面上，公差为0.05mm；与底面A的轴线距离为$30^{+0.05}_{0}$mm；齿面的表面粗糙度值为$Ra1.6\mu m$。

2. 连杆工艺分析

1）工件材料为HT200铸件，粗加工前进行退火处理，可改善切削性能，消除铸造应力，细化组织和降低组织的不均匀性。

2）加工前应划线，保证外形尺寸的均衡。

3）用单动卡盘夹住工件外形，按划线找正后，粗、精车$\phi 90^{+0.022}_{-0.013}$mm孔及底平面$A$。

项目4 畸形工件和薄板类工件加工

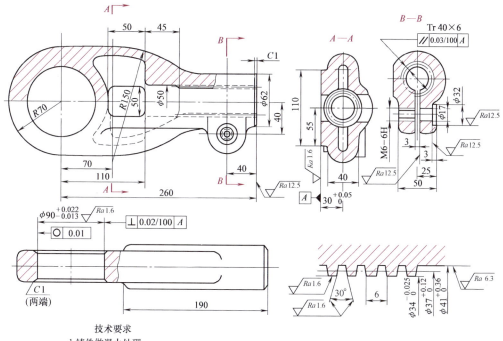

技术要求
1. 铸件做退火处理。
2. Tr40×6轴线与$\phi 90^{+0.022}_{-0.013}$孔中心线在同一平面上，公差为0.05。
3. 锐角修钝。
4. 材料HT200。

图4-1 连杆

为保证孔的圆度误差不大于0.01mm，应用平衡块平衡，以保持卡盘转动的稳定性。

4）在花盘角铁上装夹，如图4-2所示。选择底平面A作为主要基准面，$\phi 90^{+0.022}_{-0.013}$ mm孔为止推基准面，定位在角铁上的定位轴上，按划线找正后用压板固定，即可车削Tr40×6内螺纹。

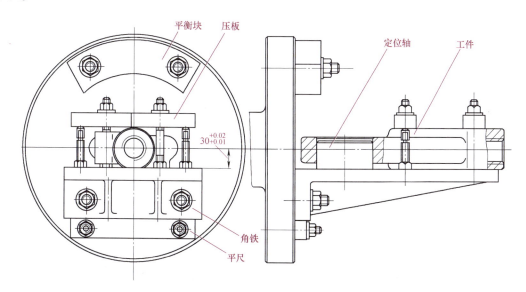

图4-2 在花盘角铁上装夹连杆

5) 图样中 Tr40×6 螺纹底孔 φ34mm 的公差为 0.025mm，是为测量而设置的。

3. 连杆的机械加工过程（表 4-1）

表 4-1 连杆的机械加工过程

工序	工种	工序内容	备注
1	铸造	铸造毛坯	
2	清理	清理铸件砂粒、砂壳	
3	热处理	热处理退火	
4	划线	1）划 $\phi 90^{+0.022}_{-0.013}$mm 孔中心线 2）在 φ62mm 外形上划出轴线及底平面 A 尺寸线 30mm	
5	车	用单动卡盘夹住工件外形，划线找正 1）粗车底平面 A，按划线放 0.5mm 2）粗、精车孔 $\phi 90^{+0.022}_{-0.013}$mm 至要求尺寸 3）两端孔口倒角 C1 4）精车底平面 A	
6	车	工件装夹于花盘角铁上，底平面 A 为基准面，孔 $\phi 90^{+0.022}_{-0.013}$mm 定位于角铁定位轴上，找正 φ62mm 轴线与主轴轴线基本一致 1）车端面，尺寸为 260mm 2）钻通孔 φ32mm 3）车 Tr40×6 螺纹底孔至 $33.8^{+0.1}_{0}$mm 4）铰孔 $\phi 34^{+0.025}_{0}$mm 5）用宽度 b=1.9mm 的直槽刀车螺纹至大径 $\phi 41^{+0.36}_{0}$mm 6）粗、精车 30°齿形至尺寸 7）倒角	$D_1 = d - P$ $= 40\text{mm} - 6\text{mm}$ $= 34\text{mm}$ $W = 0.366P - 0.536a_c$ $= 0.366 \times 6\text{mm} - 0.536$ $\times 0.5\text{mm}$ $= 1.92\text{mm}$ a_c——牙顶间隙
7	钳	工件装夹在台面上 1）钻 M16 螺纹底孔至 φ13.8mm 2）用平头钻扩孔 φ17mm，深孔 25mm 3）平扩 φ32mm 孔，深 3mm 4）攻 M16 螺纹	
8	铣	工件装夹在平口钳上，找正 1）铣削 3mm 槽与 Tr40×6 配合，控制尺寸 25mm 2）去毛刺	
9	普	清洗，涂油，入库	

4. 精度检测

（1）$\phi 90^{+0.022}_{-0.013}$mm 孔精度检测 用内径指示表测量，同时对圆度误差进行检测。

（2）Tr40×6 内螺纹中径尺寸误差的检测 可用螺纹塞规综合测量，也可用图 4-3 所示方法直接测量螺纹中径加工误差。测量时，把工件底平面 A 置于测量平板上，在螺纹齿槽

内放一 $S\phi 3.1$mm 钢球,计算出钢球顶点到平板的距离,即可得出中径尺寸误差是否在公差范围内。

1)计算测量距 M。M 的计算公式为

$$M = d_2 - d_D\left(1 + \frac{1}{\sin\frac{\alpha}{2}}\right) + \frac{P}{2}\cot\frac{\alpha}{2}$$

$$= 37\text{mm} - 3.1\text{mm} \times \left(1 + \frac{1}{\sin 15°}\right) + \frac{6\text{mm}}{2} \times \cot 15°$$

$$= 33.12\text{mm}$$

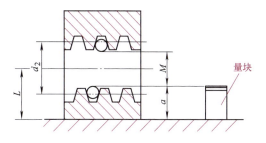

图 4-3 测量梯形内螺纹中径尺寸误差

2)计算钢球顶点到平板的距离 a。若实测螺纹轴线到平板的距离 $L = 30.02$mm,则

$$a = L - \frac{M}{2} = 30.02\text{mm} - \frac{33.12\text{mm}}{2} = 13.46\text{mm}$$

用量块组成尺寸 13.46mm,使指示表测头与量块面接触,并调整指针至零位。移动指示表至钢球顶点,若指示表指针在 -0.06~0mm 范围内摆动,则说明中径尺寸在公差范围内。

(3) Tr40×6 轴线与底平面 A 距离尺寸 $30_0^{+0.05}$mm 的检测 测量时,在螺纹孔内插入一量棒(插入部分最好做成小锥度,以消除配合间隙),用同样的方法把工件底平面 A 置于测量平板上,用量块组成尺寸 $h = 30\text{mm} + \frac{34\text{mm}}{2} = 47\text{mm}$。使指示表测头与量块面接触,调整指示表指针至零位,移动指示表至量棒最高点,若指示表指针在 0~+0.05mm 内摆动,则说明尺寸合格。

(4) $\phi 90_{-0.013}^{+0.022}$mm 孔中心线对底平面 A 垂直度误差 0.02mm/100mm 的检测 如图 4-4 所示,用杠杆指示表在孔的两端进行测量,若测得指示表读数在 M_1 点为 +0.003mm、M_2 点为 -0.005mm,则垂直度误差为

$$f = \frac{|M_1 - M_2|}{L} = \frac{|0.003 - (-0.005)|}{40} = \frac{0.008}{40} = \frac{0.02}{100}$$

说明垂直度误差在公差范围内。

(5) Tr40×6 轴线对底平面 A 平行度误差的检测 测量时,把工件底面 A 置于测量平板上,在孔内插入量棒(被测轴线由量棒模拟),并使量棒伸出长度不小于 50mm。用杠杆指示表在距离为 50mm 的两个位置上进行测量,测得读数 M_1 为 +0.005mm、M_2 为 -0.008mm,则平行度误差为

$$f = \frac{|M_1 - M_2|}{L} = \frac{|0.005 - (-0.008)|}{50}$$

$$= \frac{0.026}{100} < \frac{0.03}{100}$$

说明平行度误差在图样允许范围内。

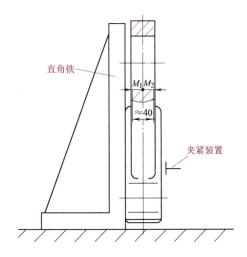

图 4-4 测量连杆的垂直度误差

(6) Tr40×6 轴线与 $\phi 90^{+0.022}_{-0.013}$ mm 孔中心线在同一平面内误差的检测　测量时,把测量心轴插入螺纹孔内(插入端应做成小锥度),将心轴的一端连同工件装夹在 V 形架上,并置于测量平板上,用杠杆指示表找正 $\phi 90^{+0.022}_{-0.013}$ mm 孔中心线与平板平行,并记录读数。然后把 V 形架连同工件翻转 180°,移动指示表至孔内,记录读数,两次读数之差即为两轴线在同一平面内的误差。

4.2　薄板类工件加工*

在制造业中,把厚度与直径之比超过 40 的工件称为薄板类工件,简称薄板件。由于薄板件质量小、用料少、结构紧凑,因此在许多行业中得到了越来越广泛的应用。但由于薄板件的轴向尺寸小、装夹基准面小,容易变形,不易保证加工质量,因而其加工比较困难。

4.2.1　薄板类工件的装夹方法

根据薄板类工件的形状、加工表面和加工精度要求的不同,可以选择下面几种方法进行装夹。

1. 用增大夹紧面积的软爪卡盘装夹

采用图 4-5 所示的扇形软卡爪卡盘,可增大装夹时的接触面积,使夹紧力均匀地分布在工件夹紧面上,以减少夹紧变形。

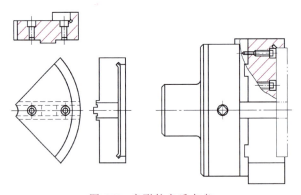

图 4-5　扇形软卡爪卡盘

2. 用真空吸盘装夹

当需要在车床上加工厚度小于 3mm,且两面都需要加工的薄片时,由于工件轴向厚度尺寸极小,刚性非常差,不能采用径向夹紧的办法。此时可以采用图 4-6 所示的真空吸盘,该吸盘与车床主轴和真空泵配合使用,当真空泵工作时,由于圆环槽吸盘表面的六道圆环槽及中心通孔被抽成负压,工件被大气压均匀地压紧在吸盘表面上,这样既达到了定位夹紧的目的,又不会引起装夹变形。

薄板件的直径应比最外缘圆环槽的直径大 10mm 以上。如果薄板类工件中心需要加工通孔,应设法将圆环槽吸盘的中心通孔堵住。

3. 用磁性吸盘装夹

图 4-7a 所示为车床用感应电磁吸盘。当线圈通上直流电后,在铁心 2 上产生磁力线,避开隔磁体 5 使磁力线通过工件和导磁体定位件 6 形成闭合回路(见图 4-7a 中虚线),工件

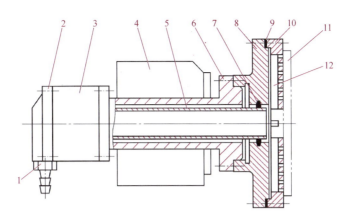

图 4-6 真空吸盘

1—抽气接头 2—轴承盖 3—导气接头 4—车头箱 5—抽气管 6—主轴 7—密封圈 8—法兰盘
9—密封垫 10—圆环槽吸盘 11—薄板件 12—放射状通气直槽（4~8 条）

被磁力线吸在盘面上；断电后磁力消失，即可取下工件。

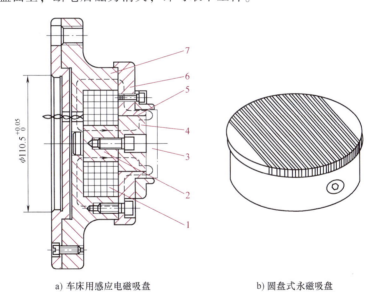

a) 车床用感应电磁吸盘　　　　　　b) 圆盘式永磁吸盘

图 4-7 磁性吸盘

1—线圈 2—铁心 3—薄板件 4、6—导磁体定位件 5—隔磁体 7—夹具体

图 4-7b 所示为圆盘式永磁吸盘，它是以高性能的稀土材料为内核，通过用手扳动吸盘手柄转动，来改变吸盘内部的磁力系统，实现对工件的吸持或释放。该吸盘用于平面磨床，当配上法兰盘后，即可用于车床。永磁吸盘的最大好处是不通电即可使用，省去了供电麻烦。

使用磁性吸盘装夹时，切屑会聚集在工件表面，影响工件表面粗糙度。

4. 多件装夹

如果工件是薄片圆环，其外圆已经加工过，两端平面已由平面磨床磨削，要以外圆和端面定位加工内孔，可以设计制造图 4-8a 所示的多件夹紧车内孔夹具。这种夹具不仅可以提高效率，而且轴向力作用在工件刚性较好的部位，减少了夹紧变形。如果薄片圆环的内圆和两端平面已经加工过，要以内圆和端面定位加工外圆，则可以设计制造图 4-8b 所示的多件夹紧车外圆夹具。

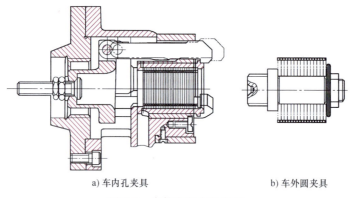

a) 车内孔夹具　　　　　　　　b) 车外圆夹具

图 4-8　多件夹紧车削夹具

4.2.2　防止薄板类工件夹紧变形的方法

薄板类工件由于刚性差，装夹时很容易产生夹紧变形，车削完成后，去掉磁性吸力或真空负压，薄片工件恢复原状，难以保证加工精度。因此，一定要保证薄片工件在自由状态下进行定位与夹紧。要做到这一点，可将薄片工件在自由状态下用胶黏剂粘在一块定位平板上，将定位平板连同薄片一起放到磁力吸盘或真空吸盘上，如图 4-9a 所示。车平薄片一端平面后，再将薄片工件从定位平板上取下来，将车平的一面放到吸盘上，再车削薄片工件的另一端平面，如图 4-9b 所示。

由于胶黏剂在未固化前具有流动性，它可以填平工件与定位平板之间的间隙，当胶黏剂固化后，工件与定位平板粘接在一起，成为一个整体，这样不但对工件起到了定位作用，而且大大增强了工件的刚性。也可用厚润滑脂填充薄片工件与磁力吸盘之间的间隙，同样可以获得良好的效果。

对于弹性薄片工件，不能选用与加工面相对的面作为黏接面，因为大部分胶黏剂在固化时体积要收缩，收缩不均会引起工件变形。因此，对于弹性薄片工件，粘接面应选择工件外圆或内孔。

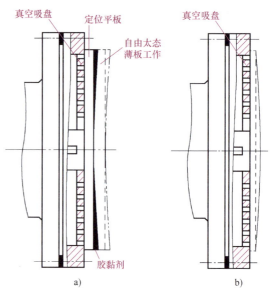

图 4-9　使用胶黏剂防止夹紧变形

选择胶黏剂时，宜选用黏附力强、固化时间短、去胶容易的胶种。氰基丙烯酸酯胶就是一种固化时间短（只需 3~5min 即可加工）、去胶较容易、黏附力强的胶种。去胶时放入热水或丙酮中浸泡即可。

4.2.3 加工薄板类工件时精车刀的选择

精车刀的选择关键是如何减小直接作用于薄板类工件上的切削力,可采取下面几项措施。

(1) 增大刀具的主偏角和副偏角　增大主偏角和副偏角可以减小切削力对工件表面法向的作用力,从而有效减少工件的变形。

(2) 选择合适的刀具材料　不同的刀具材料,其所制成刀具的刃口半径 r 是不同的。试验表明,切削刃锋利程度不同,切削力有明显差别。当背吃刀量较小时,这种差别更明显。当背吃刀量小到一定值时,单位切削力会急剧增加。这是因为超精密切削时,背吃刀量和进给量都很小,刃口半径 r 的不同将显著影响变形,r 值增大,将使切削变形明显加大。在背吃刀量很小时,由刃口半径造成的切削变形占总变形的很大比例,r 值的微小变化将使切削变形产生很大的变化。所以在背吃刀量很小的精切中,更应采用 r 值较小的高速工具钢刀具材料。

(3) 选择合理的刀具角度和切削方向　由于刀具磨钝会将薄板顶向轴向切削力方向,造成工件变形;而刀具过于锋利,虽然能实现微量切削,但会将薄板拉向轴向切削力的反方向,同样会造成工件变形。较合理的刀具角度是采用 $R1.5 \sim R2.5$mm 的圆弧形卷屑槽,前角为 $25° \sim 30°$,主后角为 $6° \sim 10°$,主偏角为 $91° \sim 93°$,副偏角为 $8° \sim 12°$,刃倾角为 $0° \sim 3°$。刀尖用磨石去刺即可,将刀具横向夹紧在刀架上,刀具由中心向外切削。实践证明,此切削方向比较合理,工件不容易变形。车薄板件时使用的精车刀如图 4-10 所示。

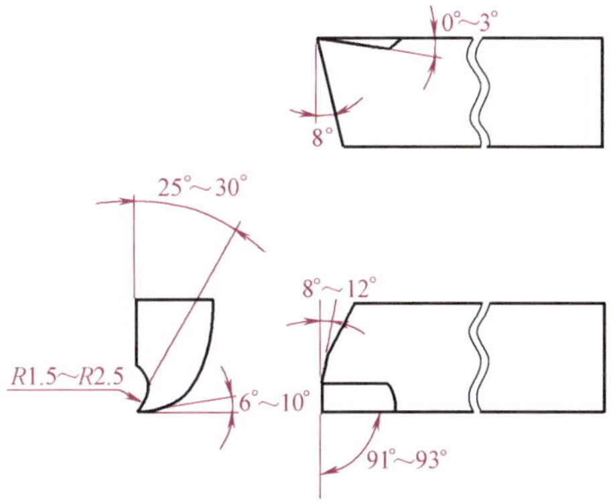

4.2.4 加工薄板类工件时防止振动和热变形的方法

为防止车削时产生振动和热变形,可采取下面几项措施。

(1) 调整车床滑动部位间隙　加工前要将车床各滑动部位间隙调小,以提高车床自身刚性,减少机床振动。

图 4-10　车薄板件时使用的精车刀

(2) 选择合适的切削用量　精车时,进给量为 $0.05 \sim 0.10$mm/r,背吃刀量为 $0.05 \sim 0.07$mm,切削速度小于 65m/min,这样能消除切削过程中由刀具引起的振动,特别是 65m/min 以下的切削速度避开了薄板与机床的共振速度,避免了切削时由振动引起的变形。

(3) 增加半精车和热处理工序　在粗车后增加半精车工序。半精车后只留 $0.2 \sim 0.4$mm 的余量,然后热处理退火,退火时将工件平放在铸铁平板上,温度控制在 300℃ 左右,这样通过在一定温度下保持一段时间来校正平面度,同时也可释放内应力、减少工件变形。

(4) 选择合适的切削液　精车时,要选用冷却作用和润滑作用都较好的切削液,选用柴油既能降低工件的表面粗糙度值,又能减少切削热。

4.3 技能训练——齿轮泵泵体的加工

加工图 4-11 所示的齿轮泵泵体。要求在车床上加工 $2\times\phi48^{+0.105}_{+0.080}$ mm、$\phi21^{+0.021}_{0}$ mm 及 $\phi18^{-0.045}_{-0.072}$ mm 孔和泵盖接触面 D。

1. 主要技术要求

齿轮泵泵体是在孔内装入齿轮后，产生一定的压力和流量。因此，对泵体的尺寸精度和几何精度有较高的要求。

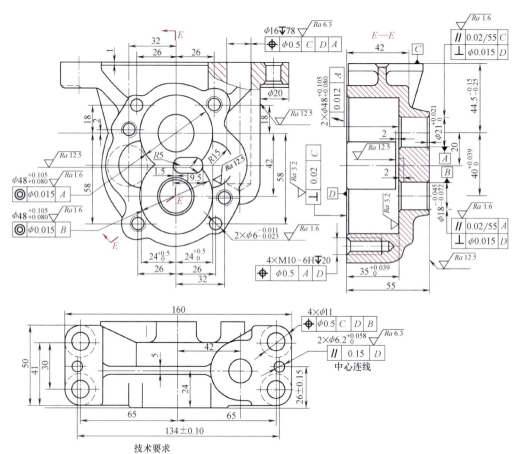

图 4-11 齿轮泵泵体

1) 泵盖接触面 D 与底平面 C 应保持垂直，公差为 0.02mm。

2) $2\times\phi48^{+0.105}_{+0.080}$ mm 孔中心线分别对 $\phi21^{+0.021}_{0}$ mm、$\phi18^{-0.045}_{-0.072}$ mm 孔中心线的同轴度公差为 $\phi0.015$ mm。

3) 两齿轮孔中心线的距离为 $40^{+0.039}_{0}$ mm。

4) $\phi 21^{+0.021}_{0}$ mm 孔中心线对底平面 C 的平行度公差为 0.02mm/55mm，对 D 面的垂直度公差为 $\phi 0.015$mm。

5) $\phi 18^{-0.045}_{-0.072}$ mm 孔中心线对 $\phi 21^{+0.021}_{0}$ mm 孔中心线的平行度公差为 0.02mm/55mm，对 D 面的垂直度公差为 $\phi 0.015$mm。

6) $2\times\phi 48^{+0.105}_{+0.080}$ mm 孔底平面对 $\phi 21^{+0.021}_{0}$ mm 孔中心线的轴向圆跳动公差为 0.012mm。

7) 主要表面的表面粗糙度值为 $Ra1.6\mu m$、$Ra3.2\mu m$。

2. 加工工艺分析

1) 工件材料为 HT250 灰铸铁，铸造后应经退火处理，目的是消除铸造应力，细化组织和减少组织的不均匀性。

2) 加工前应先划线，以保证工件外形尺寸的均衡。

3) 工件的定位方法。由于基准孔 A 对底平面 C 有平行度要求，因此底平面 C 经铣削加工，并在磨床上精磨后，可作为主要定位基准面。另外，选择加工过的 $2\times\phi 6.2^{+0.058}_{0}$ mm 销孔作为定位基准孔，这就是所谓的"两销一面"定位方法。

4) 工件的装夹方法。工件加工表面的回转轴线与基面平行，可装夹在花盘的角铁上加工。装夹方法如下：

① 车削 $\phi 48^{+0.105}_{+0.080}$ mm、$\phi 18^{-0.045}_{-0.072}$ mm 孔的装夹方法如图 4-12 所示。装夹时，用四个 M10 六角头螺栓紧固（也可用压板压牢工件两侧台阶面），为防止车削时产生振动，用两个滚花螺钉支承工件外形。

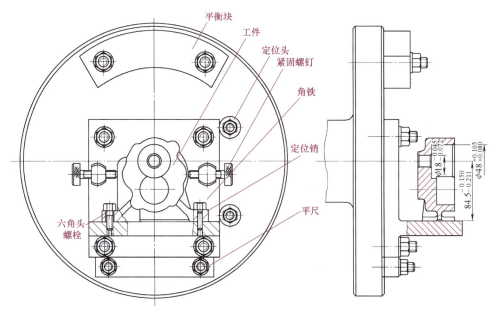

图 4-12 在花盘上加工 $\phi 48^{+0.105}_{+0.080}$ mm、$\phi 18^{-0.045}_{-0.072}$ mm 孔的装夹方法

由于 $\phi 21^{+0.021}_{0}$ mm、$\phi 18^{-0.045}_{-0.072}$ mm 孔对侧面 D 均有垂直度要求，D 面对基准面 C 也有垂直度要求，为减小装夹误差，应选取 D 面与孔在一次装夹时车削加工。但由于在加工基准孔 A 时，车削端面时根据回转直径要车到角铁面，因此改为先加工孔 B。这样加工后，直接

得到的尺寸是底面 C 到基准孔 B 中心线的距离，而设计尺寸 $44.5_{-0.25}^{-0.15}$ mm 是间接获得的，这就产生了基准不重合误差。可通过尺寸链计算得到尺寸公差来保证设计尺寸。

对图 4-13 所示尺寸链进行分析，设计尺寸 A_0 是间接保证的，是封闭环。在组成环中，A_1 是增环，A_2 是减环，按极值法计算。即

$$A_{1\max} = A_{0\max} + A_{2\min} = 44.35\text{mm} + 40\text{mm} = 84.35\text{mm}$$
$$A_{1\min} = A_{0\min} + A_{2\max} = 44.25\text{mm} + 40.039\text{mm} = 84.289\text{mm}$$

即 $A_1 = 84.5_{-0.211}^{-0.150}$ mm。

角铁在花盘上正确位置的找正方法：首先用专用心轴及量块调整角铁平面至其与主轴轴线的距离为 $84.35_{-0.02}^{0}$ mm；然后在角铁底面装一平尺，在找正角铁水平位置移动时，作为定位基准使用。

找正角铁面上两定位销孔对车床主轴轴线对称的方法：中心高找正后，在角铁上两定位销孔内装入两根测量棒，量棒的一端做成小锥度，以保证与孔无间隙配合，另一端做成等直径尺寸；转动花盘，使角铁面与主轴轴线垂直，用指示表找正测量棒成水平位置，并记录指示表读数；退出床鞍，转动花盘 180°，按上面的方法使另一根测量棒成水平位置，记录指示表读数，比较两者读数是否一致，如不一致应逐步找正至一致。固定角铁后，在角铁侧面装上两个定位套，以保证角铁在垂直平面内移动时保持位置不变。

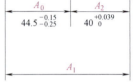

图 4-13 齿轮泵泵体加工尺寸链图

② 车削 $\phi 48_{+0.080}^{+0.105}$ mm、$\phi 21_{0}^{+0.021}$ mm 孔的装夹方法。为了减小装夹误差，车削基准孔 A 时，工件在角铁上的装夹位置不变，只需松开四只固定角铁的螺钉，使角铁沿两定位套移

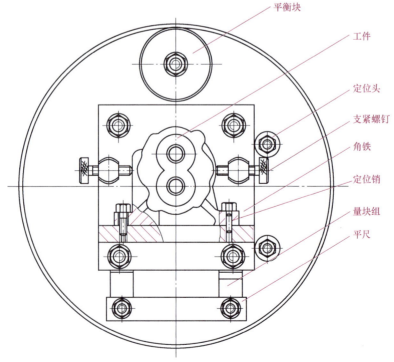

图 4-14 在花盘角铁上加工齿轮泵泵体 $\phi 48_{+0.080}^{+0.105}$ mm、$\phi 21_{0}^{+0.021}$ mm 孔的装夹方法

动,并在角铁底面与平尺之间垫入组成尺寸为 $40^{+0.02}_{+0.01}$mm 的量块或等高块,如图 4-14 所示。然后固定角铁,取出量块,装上平衡块后即可车削基准孔 A 及齿轮孔 $\phi 48^{+0.105}_{+0.080}$mm。

3. 齿轮泵泵体的机械加工过程（表 4-2）

表 4-2　齿轮泵泵体的机械加工过程

工序	工序名称	工 序 内 容	设备及工装
1	铸	铸造（基准孔 A、B 不铸出）	
2	清砂	清理表面砂壳、砂粒	
3	热处理	热处理退火	
4	涂漆	1)清理铸件表面 2)非加工表面涂黄色漆	
5	划线	兼顾外形尺寸 1)划底平面 C 尺寸线 2)划厚度 55mm 两端面尺寸线	
6	铣	用机用虎钳装夹,找正底平面 C 划线 1)铣底平面 C,尺寸按划线放 0.2mm 2)按划线铣基准孔 A、B 公共端面 3)铣侧面 D,尺寸 55mm 至 $55^{+0.7}_{+0.5}$mm	X6132
7	磨	工件装夹在机用虎钳上,用指示表找正底平面 C 与孔 $\phi 21^{+0.021}_{0}$mm 在 0.1mm 之内精磨 C 面,表面粗糙度值为 $Ra1.6\mu m$	M1432A
8	钳	套钻模板,对正外形 1)钻 $4\times\phi 11$mm 孔 2)钻 $\phi 16$mm 孔,深 78mm 3)孔口倒角 C0.5 4)钻、铰孔 $2\times\phi 6.2^{+0.058}_{0}$mm 孔至 $\phi 6.2H7(^{+0.015}_{0})$,轴线距 (134 ± 0.1)mm 至 (134 ± 0.05)mm 5)工件调头,装夹在台面上,$4\times\phi 11$mm 孔口处锪孔 $\phi 20$mm,毛坯面锪平即可 6)$\phi 11$mm 孔口倒角 C0.5	
9	车	工件以底面 C 为基准面,$2\times\phi 6.2H7$ 孔为定位孔,装夹在花盘角铁上（图 4-12） 1)钻基准孔 B 至 $\phi 17$mm 2)粗车 $\phi 48^{+0.105}_{+0.080}$mm 3)精车端面 D,控制尺寸 55mm 4)精车 $\phi 18^{-0.045}_{-0.072}$mm 孔至要求尺寸 5)精车 $\phi 48^{+0.105}_{+0.080}$mm 孔至要求尺寸,控制尺寸 $35^{+0.039}_{0}$mm 6)孔口倒角 C0.5	CA6140
10	车	工件仍按原装夹,按图 4-14 所示方法移动角铁 1)钻基准孔 A 至 $\phi 20$mm 2)粗、精车 $\phi 48^{+0.105}_{+0.080}$mm 孔至尺寸,控制尺寸 $35^{+0.039}_{0}$mm 3)车、铰 $\phi 21^{+0.021}_{0}$mm 孔至尺寸 4)孔口倒角 C0.5	

项目 5

新型刀具及现代先进加工技术

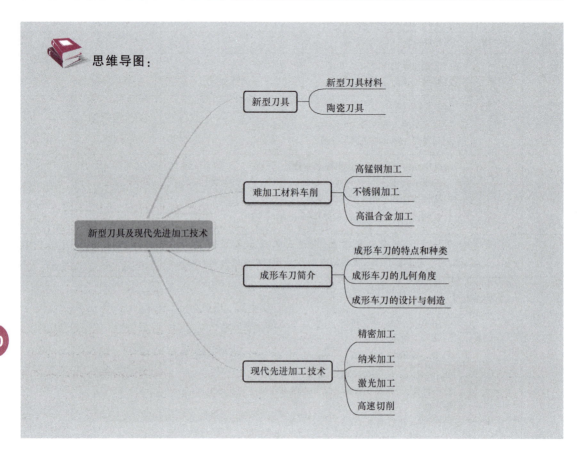

思维导图：

5.1 新型刀具

刀具是切削加工中不可缺少的重要工具，无论是普通机床，还是先进的数控机床、加工中心和柔性制造系统，都必须依靠刀具才能完成切削加工。刀具的发展对提高生产率和加工质量具有直接影响。刀具的材料、结构和几何形状是决定刀具切削性能的三要素，其中刀具材料的性能起着关键性作用。刀具材料已从 20 世纪初的高速工具钢、硬质合金发展到现在的高性能陶瓷、超硬材料等，耐热温度已由 500~600℃ 提高到 1200℃ 以上，允许的切削速度已超过 1000m/min，使切削加工生产率在不到 100 年的时间内提高了 100 多倍。因此可以说，刀具材料的发展历程实际上反映了切削加工技术的发展史。

5.1.1 新型刀具材料

1. 细晶粒和超细晶粒合金

普通硬质合金中碳化钨（WC）的粒度为 3~5μm，细晶粒合金的平均粒度为 1.5μm 左右，超细晶粒合金的粒度在 0.2~1μm 之间，其中绝大多数在 0.5μm 以下。

通过细化硬质相晶粒度，增大了硬质相晶间表面积，增强了晶粒之间的结合力，可使硬质合金刀具材料的强度和耐磨性均得到提高。当 WC 晶粒尺寸减小到亚微米级以下时，材料的硬度、韧性、强度、耐磨性等均可提高，达到完全致密化所需的温度也可降低。超细晶粒硬质合金与成分相同的普通硬质合金相比，硬度可提高 1.5~2HRA 以上，抗弯强度可提高 0.6~0.8GPa。

常用的晶粒细化工艺方法主要有物理气相沉积法（PVD）、化学气相沉积法（CVD）、等离子体沉积法、机械合金化法等。等径侧向挤压法（ECAE）是一种很有发展前途的晶粒细化工艺方法。该方法是将粉体置于模具中，并沿某一与挤压方向不同（也不相反）的方向将其挤出，且挤压时的横截面积不变。经过 ECAE 工艺加工的粉体晶粒可明显细化。由于上述晶粒细化工艺方法仍不够成熟，因此在硬质合金烧结过程中，纳米晶粒容易疯长成粗大晶粒，而晶粒普遍长大将导致材料强度下降，单个的粗大 WC 晶粒则常常是引起材料断裂的重要因素。另一方面，细晶粒硬质合金的价格较为昂贵，对其推广应用也起到一定的制约作用。目前，超细晶粒合金的使用场合主要是：

1) 高硬度、高强度难加工材料的加工。
2) 难加工材料的断续切削，如铣削。
3) 有低速切削刃的刀具，如切断刀、小钻头、成形刀等。
4) 要求有较大前角、较大后角、较小刀尖圆弧半径的，能进行薄层切削的精密刀具，如铰刀、拉刀等。

2. 涂层硬质合金

涂层硬质合金是近年来硬质合金的重大发展与变革，它是在韧性较好的硬质合金基体上，通过化学气相沉积、物理气相沉积等方法涂覆一层很薄的耐磨金属化合物（TiC、TiN、Al_2O_3 等），可使基体的强韧性与涂层的耐磨性相结合而提高硬质合金刀具的综合性能。

涂层硬质合金刀具具有良好的耐磨性和耐热性，特别适合高速切削。由于其使用寿命长、通用性好，用于小批量、多品种的柔性自动化加工时可有效减少换刀次数，提高加工效率。涂层硬质合金刀具抗月牙洼磨损能力强，刀具刃形和槽形稳定，断屑效果及其他切削性能可靠，有利于实现加工过程的自动控制。涂层硬质合金刀具的基体经过钝化、精化处理后，尺寸精度较高，可满足自动化加工对换刀定位精度的要求。但涂层硬质合金刀具的刃口锋利程度与抗崩刃性不及普通合金刀具，因此，多用于普通钢材的精加工或半精加工。

涂层硬质合金不能用于焊接结构的刀具，不能重磨，主要用于可转位刀片。涂层材料主要有 TiC、TiN、Al_2O_3 及其复合材料。它们的性能比较见表 5-1。

TiC 涂层具有很高的硬度与耐磨性，抗氧化性也好，切削时能产生氧化铁薄膜，降低摩擦系数，减少刀具磨损，切削速度一般可提高 40% 左右。TiC 与钢的黏结温度高，表面晶粒较细，切削时很少产生积屑瘤，适用于精车。TiC 涂层的缺点是线胀系数与基体差别较大，与基体间形成了脆弱的脱碳层，降低了刀具的抗弯强度。因此，在重切削、加工硬材料或带夹杂物的工件时，涂层易崩裂。

表 5-1 几种涂层材料的性能比较

项目	硬质合金	涂层材料		
		TiC	TiN	Al_2O_3
高温时与工件材料的反应程度	强	中等	轻微	不反应
在空气中的抗氧化能力	<1000℃	1100～1200℃	1000～1400℃	好
硬度 HV	≈1500	≈3200	≈2000	≈2700
热导率/[W/(m·K)]	83.7～125.6	31.82	20.1	33.91
线胀系数/(10^6/K)	4.5～6.5	8.3	9.8	8.0

TiN 涂层在高温时能形成氧化膜，与铁基材料的摩擦系数较小，抗黏结性能好，能有效地降低切削温度。TiN 涂层刀片抗月牙洼磨损及后面抗磨损能力比 TiC 涂层刀片强，适合切削钢与易黏刀的材料，加工表面粗糙度值较小，刀具寿命较长。此外，TiN 涂层的抗热振性能也较好。其缺点是与基体的结合强度不及 TiC 涂层，而且涂层厚时易剥落。

TiC-TiN 复合涂层：第一层涂 TiC，与基体黏结牢固不易脱落；第二层涂 TiN，减少表面层与工件的摩擦。

TiC-Al_2O_3 复合涂层：第一层涂 TiC，与基体黏结牢固不易脱落；第二层涂 Al_2O_3，使表面层具有良好的化学稳定性与抗氧化性能。这种复合涂层能像陶瓷刀具那样高速切削，寿命比 TiC、TiN 涂层刀片高，同时又能避免陶瓷刀具脆性大、易崩刃具缺点。

目前，单涂层刀片已很少应用，大多采用 TiC、TiN 复合涂层或 TiC、Al_2O_3、TiN 三复合涂层。

金刚石涂层硬质合金采用了许多金刚石合成技术，通过改进涂层方法和涂层的黏结工艺，已生产出金刚石涂层的硬质合金刀具。这种刀具既有金刚石的抗磨性，同时又具有最佳刀具形状和高的抗振性能，在加工非铁金属及非金属材料方面起着重要的作用。最近，金刚石涂层刀具已在工业上得到应用。

3. 稀土硬质合金

在各种硬质合金刀具材料中添加少量钇等稀土元素，可有效地提高硬质合金的断裂韧性和抗弯强度，耐磨性和硬度也有一定的改善。这是因为稀土元素可强化硬质相和黏结相，净化晶界，并改善碳化物固溶体对黏结相的润湿性。因此，这种硬质合金刀具材料极具应用前景。我国稀土资源丰富，在硬质合金中添加稀土元素的研究也具有较高水平。

稀土元素是指化学元素周期表中原子序数为 57～71（从 La 到 Lu）的元素，再加上 21 和 39（SC 和 Y）两种元素，共 17 种元素。将某些稀土元素以一定方式，微量添加到传统牌号的硬质合金中，即可有效地提高它们的力学性能与切削性能。目前，我国已研制出下列牌号的刀具用稀土硬质合金：YG8R（相当于 ISO K30 级别）、YG6R（K20）、YW1R（M10）、YW2R（M20）、YT5R、YT14R（P20）、YT15R（P10）、YS25R（P25）。

在 YG8、YT14 和 YW1 硬质合金中添加 Ce、Y 等稀土元素后，形成了稀土硬质合金 YG8R、YT14R、YW1R。YG8R 主要用于铸铁和非铁金属的粗加工；YT14R 主要用钢材的半精加工；YW1R 则为通用牌号，可用于各种材料工件的半精加工。

添加稀土元素后硬质合金的组织比较致密；室温硬度和高温硬度有所改善；断裂韧性和抗弯强度显著提高，分别提高 20% 和 10% 以上。与无稀土元素的原硬质合金刀片相比，

YG8R、YT14R、YW1R 刀片的耐磨性、使用寿命和抗冲击性能均有不同程度的提高。

4. 钢结硬质合金

钢结硬质合金是以 WC、TiC 为硬质相，高速工具钢为黏结相，通过粉末冶金工艺制成的，可以对其进行锻造、切削加工、热处理与焊接。淬火后硬度高于高性能高速工具钢，强度、韧性胜过硬质合金。钢结硬质合金可用于制造模具、拉刀、铣刀等形状复杂的工具或刀具。

5.1.2 陶瓷刀具

陶瓷刀具是以氧化铝（Al_2O_3）或氮化硅（Si_3N_4）为基体再添加少量金属，在高温下烧结而成的一种刀具材料。陶瓷刀具以其优异的耐热性、耐磨性和化学稳定性，在高速切削领域和难加工材料的加工方面显示了传统刀具无法比拟的优势。目前在德国约 70% 的铸件加工是用陶瓷刀具完成的，而日本陶瓷刀具的年消耗量已占刀具总量的 8%~10%。近些年来，我国在陶瓷刀具的开发与性能改进方面也取得了很大成就。陶瓷刀具的主要原料 Al_2O_3 和 Si 来源广泛，因此陶瓷刀具的应用前景十分广阔。

1. 陶瓷刀具的特点

1) 硬度高，耐磨性好。常温硬度达 91~95HRA，超过硬质合金，因此可用于切削 60HRC 以上的硬材料。

2) 耐热性好。在 1200℃ 下硬度为 80HRA，强度、韧性降低较少。

3) 化学稳定性好。在高温下仍有较好的抗氧化性、抗黏结性能，因此刀具的热磨损较少。

4) 摩擦系数较低。切屑不易粘刀，不易产生积屑瘤。

5) 强度与韧性低。强度只有硬质合金的 1/2，因此，陶瓷刀具切削时需要选择合适的几何参数与切削用量，避免承受冲击载荷，以防崩刃与破损。

6) 热导率低，仅为硬质合金的 1/5~1/2，热胀系数比硬质合金高 10%~30%，导致其抗热冲击性能较差。故陶瓷刀具切削时不宜有较大的温度波动，一般不加切削液，这也有利于减少对环境的污染。

陶瓷刀具一般适合在高速下精细加工硬材料，如在切削速度等于 200m/min 的条件下车削淬火钢。但近年来发展的新型陶瓷刀具也能半精加工或粗加工多种难加工材料，有的还可用于铣、刨等断续切削。

2. 陶瓷刀具的种类与应用特点

（1）氧化铝-碳化物系陶瓷　氧化铝-碳化物系陶瓷是通过将一定量的碳化物（一般多用 TiC）添加到 Al_2O_3 中，并采用热压工艺制成的，称为混合陶瓷或组合陶瓷。TiC 的质量分数达 30% 左右时即可有效地提高陶瓷的密度、强度与韧性，改善其耐磨性及抗热振性，使刀片不易产生热裂纹，不易破损。混合陶瓷适合在中等切削速度下切削难加工材料，如冷硬铸铁、淬硬钢等。在切削 60~62HRC 的淬火工具钢时，可选用的切削用量为：$a_p = 0.5mm$，$f = 0.08mm/r$，$v_c = 150~170m/min$。

氧化铝-碳化物系陶瓷中添加 Ni、Co、W 等作为黏结金属，可提高氧化铝与碳化物的结合强度，可用于加工高强度的调质钢、镍基或钴基合金及非金属材料。由于抗热振性能得到提高，也可用于断续切削条件下的铣削或刨削。

（2）氮化硅基陶瓷　氮化硅基陶瓷是20世纪80年代开始使用的，它是将硅粉经氮化、球磨后添加助烧剂置于模腔内热压烧结而成的。氮化硅基陶瓷的硬度高，可达到1800~1900HV，耐磨性好；耐热性和抗氧化性好，达1200~1300℃；氮化硅与碳和金属元素化学反应较小，摩擦系数也较低。实践证明，用氮化硅基陶瓷刀具切削钢、铜、铝时均不黏屑，不易产生积屑瘤，从而提高了加工表面质量。

氮化硅基陶瓷的最大特点是能进行高速切削，车削灰铸铁、球墨铸铁、可锻铸铁等材料时效果更为明显，切削速度可提高到500~600m/min。只要机床条件许可，还可进一步提高切削速度。由于其抗热冲击性能优于其他陶瓷刀具，在切削与刃磨时都不易发生崩刃现象。氮化硅陶瓷刀具适用于精车、半精车、精铣或半精铣。可用于精车铝合金，达到以车代磨。还可用于车削51~54HRC的镍基合金、高锰钢等难加工材料。

5.2　难加工材料车削*

随着机械制造技术的飞速发展，对材料的质量、结构和工艺性能要求越来越高，特别是材料的持久强度显得尤为重要。新研制的工程材料种类日益增多，如喷气发动机用材料、原子能电站用材料、空间探索用材料、海底探索及地壳探测器件用材料等。表5-2列出了常用的难加工材料。

表5-2　常用的难加工材料

材料		牌号举例	用途
高锰钢		ZGMn13、40Mn18Cr3	耐磨零件，如挖掘机铲斗、拖拉机履带板和用于电动机制造业的无磁高锰钢
高强度钢	低合金高强度钢	30CrMnSiNi2A	高强度零件，如轴、高强度螺栓等
	中合金高强度钢	18CrMn2MoBA、4Cr5MoSiV	
	马氏体时效钢	18Ni(200)、18Ni(350)	
不锈钢	铁素体型不锈钢	10Cr17	在强腐蚀性介质中工作的零件、在弱腐蚀性介质中工作的高强度零件、高温（550℃）下工作的零件、高强度耐蚀零件
	马氏体型不锈钢	20Cr13、14Cr17Ni2	
	奥氏体型不锈钢	12Cr18Ni9、12Cr17Mn6Ni5N	
	沉淀硬化不锈钢	07Cr17Ni7A1、07Cr15Ni7Mo2A1	
高温合金	铁基高温合金	变形合金 GH36、GH35 铸造合金 K13、K14	燃气轮机涡轮盘、涡轮叶片、导向叶片、燃烧室及其他高温承力件及紧固件
	镍基高温合金	变形合金 GH36、GH35 铸造合金 K3、K5	
钛合金	α型钛合金	TA7、TA8、TA2(工业纯钛)	因具有强度高、密度小、耐蚀等优点，广泛用于航天、造船、化工医药等行业
	β型钛合金	TB1、TB2	
	α+β型钛合金	TC4、TC6、TC9	

难加工材料的性能特点如下：

1) 切削力大。难加工材料的强度和硬度高,切削时变形抗力大,会产生强烈的塑性变形,使切削力剧增。例如,加工高温合金和高强度钢的切削力可达切削 45 钢时的 2~3 倍,故要求机床功率大、工艺系统刚性好。

2) 切削温度高。高温合金的切削温度高达 750~1000℃,一般需要加大切削液流量以改善冷却效果,并用较大的刀尖角和刀尖圆弧半径以改善刀尖的散热条件。

3) 加工硬化严重。高锰钢、奥氏体型不锈钢以及高温合金都是奥氏体组织。切削时加工硬化倾向大,如高温合金的加工硬化程度可达基体硬度的 1.5~2 倍。加工时不宜突然停机或手动进给,以免造成严重的加工硬化。

4) 容易黏刀。奥氏体型不锈钢和高温合金的切屑强韧,切削温度高,当切屑流经刀具前面时,易产生黏结、熔焊等粘刀现象,使刀具容易崩刃。钛合金在高温下化学亲和力强,单位切削压力大,更容易产生黏结现象。

5) 刀具磨损剧烈。

6) 切屑控制困难。由于材料塑性好、强度高,导致切屑的卷曲、折断和排屑困难,容易缠绕工件和刀具而损坏刀具,划伤工件表面,引发事故。

从加工角度看,改善切削加工性的途径主要有选用合适的刀具材料,优化刀具几何参数,选用合适的切削用量,重视切屑控制等。

5.2.1 高锰钢加工

高锰钢是锰的质量分数为 9%~18% 的合金钢,主要有高碳高锰耐磨钢和中碳高锰无磁钢两大类。高锰钢常采用"水韧处理",即把钢加热到 1000~1100℃ 后保温一段时间,使钢中的碳化物全部溶于奥氏体,然后在水中急速冷却,碳化物来不及从奥氏体中析出,从而获得单一均匀的奥氏体金相组织,故又称高锰奥氏体钢。这种高锰钢具有高强度、高韧性、高耐磨性、无磁性等特点。高锰钢的主要牌号有 Mn13、ZGMn13、40Mn18Cr13、50Mn18Cr4、50Mn18Cr4V 等。

1. 高锰钢的切削加工特点

由于切削时塑性变形大,加工表面硬化严重,硬化层深度可达 0.3mm,其硬度为基体硬度的 3 倍,致使切削力剧增,并使单位切削功率增大,切削热增加,加之热导率小,切削区域的温度可达 1000℃ 以上,致使刀具热磨损严重。另外,由于塑性大,车削时易产生积屑瘤和鳞刺,使加工表面质量差,切屑不易折断。

2. 高锰钢车削刀具常用材料

车削高锰钢的刀具材料应选用陶瓷材料、非涂层硬质合金和涂层硬质合金。陶瓷材料的牌号有 AG2、AT7、LT35、LT55、SG4;用于粗车的硬质合金牌号有 YM052、YD102、YG6A、YW2、YT712、Y220、YD15;用于精车的硬质合金牌号有 YM053、YT767、YW3、YG643、YG813。涂层硬质合金可选用 YB415、YB125、YB215、YB115、CN25、CN35。

3. 车削高锰钢的典型刀具

图 5-1 所示是车削高锰钢的可转位车刀。刀片采用上压式装夹。当车削 ZGMn13 高锰钢时,采用 AG2 或 SG4 陶瓷材料刀片,刀片尺寸为 16mm×16mm×6mm。切削速度 v_c = 80~120m/min,进给量 f = 0.1~0.3mm/r,背吃刀量 a_p = 3~6mm。

图 5-2 所示是加工高锰钢的硬质合金钻头。刀片材料采用 YG8 或 YM052,刀体材料采

用 40Cr 或 9SiCr。横刃长度在 0.5~2mm 之间，钻孔直径小时取较小值。进给量不大于 0.1mm/r，切削速度不大于 30m/min。

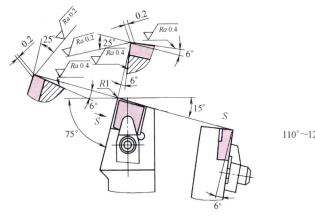

图 5-1　上压式机夹可转位陶瓷车刀

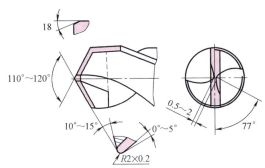

图 5-2　加工高锰钢的硬质合金钻头

5.2.2　不锈钢加工

1. 不锈钢的车削加工特点

不锈钢按其化学成分可分为铬不锈钢和铬镍不锈钢两类。常用的铬不锈钢，铬的质量分数为 12%、17% 或 27% 等，其耐蚀性能随着含铬量的增加而提高。常用的铬镍不锈钢中铬的质量分数为 17%~20%，镍的质量分数为 8%~11%，铬镍不锈钢的耐蚀性能及力学性能都比铬不锈钢好。

由于不锈钢的韧性好、强度高、导热性差，因此切削时热量难以扩散，致使刀具易于发热，降低了刀具的切削性能。在不锈钢的金属组织中，由于有分散的碳化物杂质，车削时会产生较高的腐蚀性，因而刀具容易磨损。不锈钢在高温时仍能保持其硬度和强度，而刀具材料则会由于超过其热硬性限度而产生塑性变形。不锈钢有较高的黏附性，切削时易产生积屑瘤，使加工表面粗糙度值加大。同时，积屑瘤时大时小、时有时无，使切削力不断变化而引起振动。

此外，不锈钢铸件和锻件毛坯有硬度较高的氧化皮以及不连续和不规则的外形，这都会给车削带来困难。

车削不锈钢材料时，应选用功率较大的设备，刀具应具有较大的刚度和良好的刃磨质量。

2. 不锈钢车削刀具的材料及参数

（1）刀具材料　常用的刀具材料有硬质合金和高速工具钢两大类。在硬质合金材料中，YG6 和 YG8 用于粗车、半精车及切断，其切削速度为 $v_c = 50~70$m/min，若充分冷却，则可以提高刀具的寿命；YT5、YT15 和 YG6X 用于半精车和精车，其切削速度 $v_c = 120~150$m/min，车削薄壁零件时，为了减少热变形，要充分冷却；YW1 和 YW2 用于粗车和精车，切削速度可提高 10%~20%，且刀具寿命较高。高速工具钢 W12Cr4V4Mo 和 W2Mo9Cr4VCo8 用于具有较高精度螺纹、特形面及沟槽等不锈钢工件的精车，其切削速度 $v_c = 25$m/min，车削时须使用切削液进行冷却,以减小零件的表面粗糙度值和减少刀具的磨损;W18Cr4V用于车削螺纹、成形面、沟槽及切断等,其切削速度 $v_c = 20\text{m/min}$。

（2）刀具几何参数　刀具切削部分的几何角度,对于不锈钢切削加工的生产率、刀具寿命、加工表面的表面粗糙度、切削力和加工硬化等都有很大的影响。

1）前角 γ_o。前角过小时,切削力增大,振动增大,工件表面起波纹,切屑不易排出,在切削温度较高的情况下容易产生积屑瘤;而前角过大时,刀具强度降低,刀具磨损加快,而且易打刀。因此,用硬质合金车刀车削不锈钢材料时,若工件为轧制锻坯,则可取 $\gamma_o = 12° \sim 20°$；若工件为铸件,则取 $\gamma_o = 10° \sim 15°$。

2）后角 α_o。因不锈钢的弹性和塑性都比普通碳钢大,所以当后角过小时,其切削表面与车刀后面接触面积增大,摩擦产生的高温区集中在车刀后面,使车刀磨损加快,加工表面的表面粗糙度值增大。因此,车刀后角要比车削普通钢材时的后角稍大,但后角过大又会降低切削刃强度,影响车刀寿命,一般取 $\alpha_o = 8° \sim 10°$。

3）主偏角 κ_r。主偏角减小时,切削刃工作长度增加,刀尖角增大,散热性好,刀具寿命相对提高,但切削时容易产生振动。因此,在工艺系统刚性足够的情况下,可以使用较小的主偏角（$\kappa_r = 45°$）。用硬质合金车刀加工不锈钢时,一般情况下主偏角粗车时为75°,精车时为90°。

4）刃倾角 λ_s。刃倾角影响切屑的形成、排屑方向以及刀头强度。通常取 $\lambda_s = -5° \sim 0°$；断续车削不锈钢工件时,可取 $\lambda_s = -10° \sim -5°$。

5）排屑槽圆弧半径 R。由于车削不锈钢时不易断屑,如果排屑不好,切屑飞溅容易伤人和损坏工件已加工表面。因此,应在车刀前面上磨出圆弧形排屑槽,使切屑沿一定方向排出。其排屑槽的圆弧半径和槽的宽度随着被加工直径、背吃刀量、进给量的增大而增大,圆弧半径一般取 2~7mm,槽宽取 3.0~6.5mm。

6）负倒棱。刃磨负倒棱的目的在于提高切削刃强度,并将切削热分散到车刀前面和后面上,以减少切削刃的磨损,提高刀具寿命。负倒棱的大小,应根据被切削材料的强度、硬度,刀具材料的抗弯强度,进给量大小决定。倒棱宽度和负角值均不宜过大,一般当工件材料强度和硬度越高、刀具材料的抗弯强度越低、进给量越大时,倒棱宽度和负角值应越大。当背吃刀量 $a_p = 2\text{mm}$、进给量 $f = 0.3\text{mm/r}$ 时,取倒棱宽度等于进给量的30%~50%,倒棱负角等于 $-10° \sim -5°$；当背吃刀量 $a_p = 2\text{mm}$、进给量 $f = 0.7\text{mm/r}$ 时,取倒棱宽度等于进给量的50%~80%,倒棱负角等于 $-25°$。

3. 切削用量的选择

不锈钢因含铬和镍的量不同,其力学性能有明显差异,切削加工时选用的切削用量也随之不同。一般可根据不锈钢材料的硬度、刀具材料、刀具的几何形状和几何角度以及切削条件等选择切削用量。例如,车削12Cr18Ni9不锈钢时,切削用量选择如下：粗车时,$a_p = 2 \sim 7\text{mm}$,$f = 0.2 \sim 0.6\text{mm/r}$,$v_c = 50 \sim 70\text{m/min}$；精车时,$a_p = 0.2 \sim 0.8\text{mm}$,$f = 0.08 \sim 0.3\text{mm/r}$,$v_c = 120 \sim 150\text{m/min}$。

4. 车削不锈钢的典型刀具

图5-3所示是车削奥氏体型不锈钢的机夹式外圆车刀,刀具材料采用 YG831、YW3 或 YG8N。前面有槽宽 $W_n = 2 \sim 3.5\text{mm}$,槽深 $h = 1 \sim 1.5\text{mm}$ 的圆弧断屑槽,既可得到较大的前角,又可使刀尖强度较高,切屑容易卷曲和折断。选择较大的前角（$\gamma_o = 18° \sim 20°$）和较小

的负倒棱（$\gamma_{o1} = -3° \sim 0°$、$b_{o1} = 0.1 \sim 0.2\text{mm}$），以保持切削刃锋利，减少塑形变形和加工硬化，提高刀具寿命。后角取较大值（$\alpha_o = 8° \sim 10°$），以减少刀具后面与工件表面的摩擦和加工硬化。为了提高刀尖强度，取负刃倾角 $\lambda_s = -8° \sim -3°$。切削速度 $v_c = 60 \sim 105\text{m/min}$，进给量 $f = 0.2 \sim 0.3\text{mm/r}$，背吃刀量 $a_p = 2 \sim 4\text{mm}$。

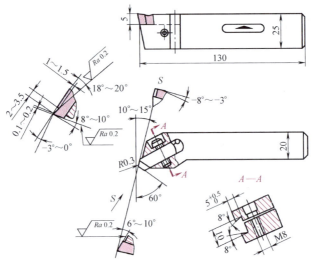

图 5-3 车削奥氏体型不锈钢的机夹式外圆车刀

图 5-4 所示是车削 20Cr13 不锈钢的复合涂层刀片精车刀。刀具材料采用 TiC-TiN，刀具寿命是 YG8N 刀具的 3~5 倍。切削速度 $v_c = 100 \sim 200\text{m/min}$，进给量 $f = 0.2\text{mm/r}$，背吃刀量 $a_p = 0.2 \sim 2\text{mm}$。

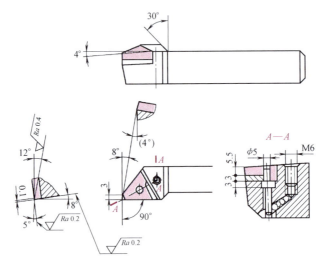

图 5-4 车削 20Cr13 不锈钢的复合涂层刀片精车刀

5.2.3 高温合金加工*

高温合金又称耐热合金，其主要特征是在高温下（800~900℃）具有良好的热稳定性，能保持高温强度（在 900℃ 时，$R_m = 0.65$ GPa，相当于 45 钢的室温强度）。

1. 高温合金分类

高温合金按生产工艺可分为变形高温合金（牌号有 GH1015、GH1131、GH1140、GH2037、GH2132、GH2302.GH3030、GH3128、GH4037 等）和铸造高温合金（牌号有 K211、K214、K401、K403、K407、K417、K640 等）两大类。

高温合金按基体元素不同，可分为铁基、镍基、铁-镍基和钴基四种类型。铁基高温合金（如 GH2037、GH2132 等）的抗高温氧化性较差；镍基高温合金（如 GH4037、GH4049、K401、K417 等）具有很好的抗高温氧化性；铁-镍基高温合金的抗高温氧化性介于上述两者之间，应用颇广；钴基高温合金（如 K644）的特点是高温强度高，能耐 1000℃ 以上的高温。

2. 高温合金的车削加工特点

高温合金中含有大量高熔点合金元素，如 W、Mo、Ta、Nb、Ti、Cr、Ni、Co 等。此外，还含有高熔点、高硬度的碳化物、氮化物和硼化物等，其显微硬度高达 2400～3200HV。因此，高温合金是难切削材料中很难加工的材料。特别是 Ni3（Ti、Al）所形成的 y 相，在一定温度范围内，随温度上升，其硬度反而有所增加，并且在较高温度下仍能保持较高的硬度和强度，y 相含量越多就越难加工。车削高温合金时遇到的主要问题如下。

（1）所需切削力大　由于高温合金的塑性好、强度高，因此切削过程中所需的切削力大。通常切削高温合金材料所需的切削力，比在同样条件下切削普通钢材时大 2～3 倍。

（2）容易产生加工硬化　切削高温合金时，已加工表面的加工硬化现象较严重，表面硬度要比其基体高 50%～100%。这是由于高温合金内有大量的强化相碳化物或金属间化合物溶于奥氏体固溶体中，从而使固溶体得到强化。在切削过程中，由于产生了大量的切削热，切削温度上升得很高，使强化物从固溶体中分解出来，并呈极细的弥散相分布，使强化能力提高，从而产生了加工硬化。

（3）切削温度高　切削高温合金材料时，塑性变形消耗的能量很大，这些能量的 90% 以上转变为热能，而高温合金材料的热导率很低，传导和散热困难，致使大量切削热集中在切削区内，从而使切削温度提高，一般可达 1000℃ 左右。

（4）刀具寿命短　切削高温合金材料时，刀具要承受很大的切削力，其工作表面和切屑接触面之间的单位压力很大，切削温度又很高，致使切削刃很快被黏结磨损。在高温条件下，高温材料仍能保持较高的力学性能（如强度和硬度等），使工件与刀具在高温下的力学性能差距减小，相对加大了刀具在高温下的黏结磨损和扩散磨损。高温下的扩散作用会改变硬质合金刀具材料的金相组织，而产生的新相比原来刀具材料的热胀系数大好几倍。随着切削温度的提高，刀片内部将产生较大的热应力而出现显微裂纹，加上切削过程中的机械作用，致使切削刃发生崩脱磨损现象。另外，由于高温合金中存在大量硬度极高的碳化物或合金碳化物的强化相，且分布不均，同时由于加工硬化现象的存在，导致刀具的机械磨损增大。机械磨损、相变磨损、黏结磨损直接影响着刀具的寿命。

3. 高温合金车削车刀材料

切削高温合金的常用刀具材料为硬质合金和高速工具钢。高速工具钢刀具材料推荐采用高性能的高碳、高钒及含铝高速工具钢。推荐的车削高温合金用硬质合金牌号见表 5-3。

表 5-3 推荐的车削高温合金用硬质合金牌号

工件材料		硬质合金牌号		
		粗车	低速精车	高速精车
铁基、镍基高温合金	GH1015 GH1140 GH3030 GH4033 GH4037 GH4049	YG10H YG8W YG8 YG6X YM051 YW3	YS2(YG10HT) YG8W、YM051 YG3X	YG813 YG643(643M) YG8N(YG8A) YD15(YGRM) YM051
铸造高温合金	K214 K211 K401 K403 K417 K640	YS2(YG10HT) YG8W YG8 YG6X、YG3X YM051 YW3	YD15(YGRM) YG3X YM8W	YM051 YS2(YG10HT)

车刀前角 $\gamma_o = 10° \sim 20°$,后角 $\alpha_o = 6° \sim 10°$;在主切削刃的后面上,沿平行于主切削刃的方向磨出 $0.3 \sim 0.4$mm 宽的切削刃带。前面不磨负倒棱,切削刃要锋利,刀具的其他几何参数根据具体情况选择。各切削刃前、后面的表面粗糙度值应研磨至 $Ra\ 1.6\mu$m 以下。

4. 切削用量的选择

1) 切削速度应选得低些,仅为切削普通碳钢时的 1/10。断续切削时,切削速度应更低。粗车时,取切削速度 $v_c = 40 \sim 60$m/min,有些铸件切削速度仅为 $v_c = 7 \sim 9$m/min;精车时,一般取 $v_c = 60 \sim 80$m/min。另外,切削速度要根据刀具材料而定,刀具材料好的,切削速度可以适当取高些,如 YW1、YW2 刀具的切削速度可比 YG7、YG8 刀具提高 10% ~ 20%。

2) 背吃刀量粗车时取 $a_p = 3 \sim 7$mm,精车时取 $a_p = 0.15 \sim 0.4$mm。

3) 进给量粗车时取 $f = 0.2 \sim 0.35$mm/r,精车时取 $f = 0.1 \sim 0.16$mm/r。

5. 车削高温合金的典型刀具

图 5-5 所示是车削高温合金的 75°外圆车刀。由刀片安装得到较大后角 (12°) 和正前角

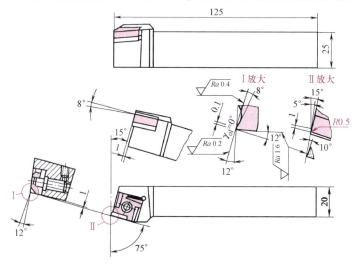

图 5-5 车削高温合金的 75°外圆车刀

(8°)，磨出 $\gamma_{o1} = 0°$、$b_{\gamma 1} = 0.1\text{mm}$ 的窄倒棱，既可以减小切削力和减少加工硬化，又具有一定的切削刃强度。在刀尖附近磨出 1×5° 的副切削刃来改善刀尖的散热条件。-8° 的刃倾角增加了刀具的抗冲击能力。当半精车、精车 K214 铁-镍基铸造高温合金时，采用 YD15 刀片材料较合适。切削速度 $v_c = 18 \sim 30\text{m/min}$，进给量 $f = 0.08 \sim 0.12\text{mm/r}$，背吃刀量 $a_p = 0.2 \sim 0.6\text{mm}$。

图 5-6 所示是车削高温合金的机夹式内孔车刀。刀片采用上压式装夹。车削 GH2036 高温合金时，采用 YM051 刀片材料。切削材料 $v_c = 28\text{m/min}$，进给量 $f = 0.15\text{mm/r}$，背吃刀量 $a_p = 1\text{mm}$。

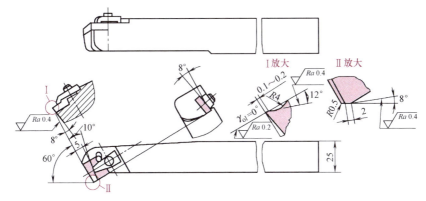

图 5-6　车削高温合金的机夹式内孔车刀

5.3　成形车刀简介

成形车刀是一种专用刀具，其刃形需要根据加工零件的廓形设计。成形车刀主要用在各类卧式车床、转塔车床、半自动车床和自动车床上加工尺寸较小的回转体零件的内、外成形表面。

5.3.1　成形车刀的特点和种类

1. 成形车刀的特点

（1）加工精度稳定　由于工件成形表面的形状和尺寸精度与操作工人的技术熟练程度无关，而是主要取决于刀具廓形的设计精度和制造精度，而且加工时工件的成形表面由刀具一次成形，因此加工质量稳定，加工出的工件形状和尺寸一致性好、互换性高，加工精度可达到 IT8~IT10，表面粗糙度值可达 $Ra3.2 \sim 6.3\mu\text{m}$。

（2）生产率高　成形车刀是一种由多段切削刃组合成的刀具，同时参加工作的切削刃总长度较长，经过一个切削行程就可以切出工件的成形表面，操作简便，生产率较高。

（3）刀具使用寿命长　刀具允许的重磨次数多，故其使用寿命比普通车刀长得多。

（4）刃磨简单　成形车刀只需要重磨前面，且前面是平面，所以刃磨简单。

（5）刀具制造成本较高　由于成形车刀的设计和制造比较麻烦，成本较高，故一般只用于成批或大量生产中。由于成形车刀的切削刃形状复杂，如果用硬质合金作为刀具材料，则制造比较困难，故大部分用高速工具钢制成。

2. 成形车刀的种类

成形车刀按加工时的进给方向可分为径向、轴向和切向三类，其中以径向成形车刀使用最为广泛。

径向成形车刀按其结构和形状又可分为平体成形车刀、棱形成形车刀和圆形成形车刀三类（图5-7）。

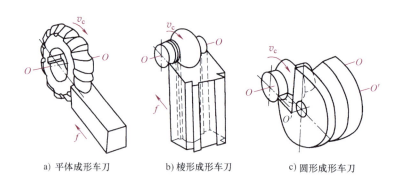

a）平体成形车刀　　b）棱形成形车刀　　c）圆形成形车刀

图5-7　成形车刀的类型

（1）平体成形车刀　平体成形车刀如图5-7a所示，这种车刀除切削刃须根据工件廓形刃磨外，其余结构和装夹方法基本上与普通车刀相同。它的结构简单、使用方便，但重磨次数少、使用寿命短。这种成形车刀主要用于加工宽度不大、成形表面简单的工件，如螺纹车刀及铲齿车刀。

（2）棱形成形车刀　棱形成形车刀如图5-7b所示，这种车刀的刀体为棱柱体，因此沿前面可重磨次数比平体成形车刀多，且刀体的刚性好。常用于车削各种外成形表面。

（3）圆形成形车刀　圆形成形车刀如图5-7c所示，这种车刀的刀体是一个磨有排屑缺口和前面，并且带安装孔的圆形回转体。用钝后可多次重磨前面，使用寿命长，可用于车削各种内、外成形表面。这种成形车刀的制造比较方便，故在生产中应用较多。但车削具有圆锥表面的工件时，会使工件形状产生较大的双曲线误差，加工精度不如前两种成形车刀高。

5.3.2　成形车刀的几何角度

1. 前角、后角的表示方法及形成

成形车刀和其他刀具一样，必须具有合理的前角和后角才能顺利切削。由于成形车刀的刃形复杂，切削刃上各点的正交平面方向均不相同，因此，在切削刃各点处测量的正交平面前角也不相等。为了使成形车刀角度的测量、制造和重磨调整简便，以及角度大小不受复杂刃形的影响，规定在假定工作平面 P_f（即垂直于工件轴线的平面）内测量成形车刀的前角、后角，并将切削刃上与工件中心等高且距工件中心最近一点处的前角和后角作为刀具的名义前角和名义后角，该点称为基准点，如图5-8和图5-9中的 $1'$ 点。

成形车刀的前、后角是通过安装形成的，图5-8所示为棱形成形车刀前角和后角的形成。制造时，将后面做成与燕尾形基准平面平行，前面磨成角度为 $(\gamma_f + \alpha_f)$ 的斜面。切削时，只需将棱形车刀的刀体倾斜 α_f 角，即可得到所需的前、后角。

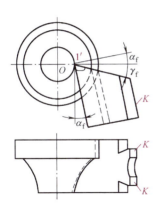 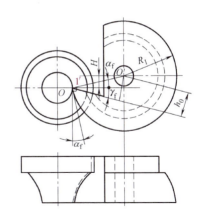

图 5-8 棱形成形车刀前角和后角的形成　　图 5-9 圆形成形车刀前角和后角的形成

图 5-9 所示为圆形成形车刀前角和后角的形成。制造时，将车刀的前面制成与其中心相距 $h_0 = R_1 \sin(\gamma_f + \alpha_f)$ 的距离。安装时，将车刀中心装得比工件中心高 H（$H = R_1 + \sin\alpha_f$），这样就可获得所需的前、后角。

2. 成形车刀各点处前角和后角的变化

成形车刀在工作时，切削刃上只有最外缘一点 $1'$（即基准点）与工件的中心等高（图 5-10a、b），而其他各点都低于工件的中心。由于切削刃各点的基面与切削平面的位置不相同，因而前角和后角也就不相等，离基准点越远的点，其前角越小，后角越大。即 $\gamma_{f1} > \gamma_{f2} > \gamma_{f3}\cdots$，$\alpha_{f1} < \alpha_{f2} < \alpha_{f3}\cdots$。

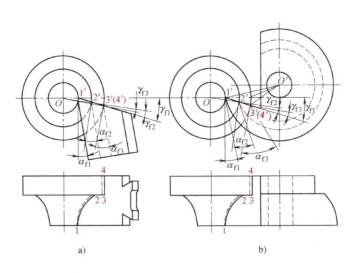

图 5-10 切削刃上各点处的前角和后角

对于棱体成形车刀（图 5-10a）：$\gamma_{f1} + \alpha_{f1} = \gamma_{f2} + \alpha_{f2} = \gamma_{f3} + \alpha_{f3} =$ 常数。

对于圆体成形车刀（图 5-10b）：$\gamma_{f1} + \alpha_{f1} \neq \gamma_{f2} + \alpha_{f2}$。

3. 成形车刀正交平面后角

成形车刀后面和工件加工表面间的摩擦情况，与正交平面内后角 α_{ox} 的大小有关，当后角 α_{ox} 过小或等于零时，会产生较大的摩擦，加剧刀具磨损。当假定工作平面内的后角 α_{fx} 确定之后，正交平面内后角的大小与该点的主偏角有关，如图 5-11 所示。

当 $\lambda_s = 0°$ 时，其关系为

$$\tan\alpha_{ox} = \tan\alpha_{fx}\sin\kappa_{rx}$$

式中　α_{ox}——切削刃上任意点 x 处正交平面内的后角（°）；
　　　α_{fx}——切削刃上任意点 x 处假定工作平面内的后角（°）；
　　　κ_{rx}——切削刃上任意点 x 处的主偏角（°）。

从式中可以看出，切削刃上各点在正交平面内的后角 α_{ox} 随该点主偏角的不同而变化。当 $\kappa_{rx} = 0°$ 时，$\alpha_{ox} = 0°$，从而加剧了刀具磨损。在这种情况下，应当采取措施来改善切削状况。改善措施很多，通常所采取的措施有以下几种：

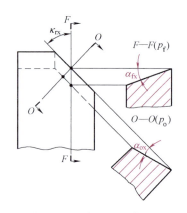

图 5-11　正交平面后角 α_{ox}

1）在不影响零件使用性能的条件下，改变零件廓形，如图 5-12a 所示。
2）在车刀端面切削刃的后面上磨出凹槽，减小摩擦面积，如图 5-12b 所示。
3）在端面切削刃上磨出 2°～3° 的侧隙角，如图 5-12c 所示。

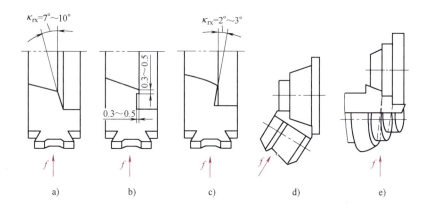

图 5-12　$\alpha_{ox} = 0°$ 时的改善措施

4）采用斜装成形车刀，改变成形车刀结构，使 $\kappa_{rx} > 0°$，如图 5-12d 所示。
5）采用具有 $\alpha_{ox} > 0°$ 的螺旋后面圆形成形车刀，如图 5-12e 所示。

4. 成形车刀前角和后角的选择

成形车刀前角和后角的大小不仅影响刀具的切削性能，还影响零件廓形的加工精度。因此，确定了前角和后角的大小之后，在制造、重磨和安装使用时均不可任意变动。成形车刀前角的大小可根据工件材料选择，见表 5-4。后角大小则根据车刀种类而定，见表 5-5。

表 5-4 成形车刀的前角

工件材料		前角 γ_f	
		高速工具钢	硬质合金
碳钢	$R_m < 0.49\text{GPa}$	15°~20°	10°~15°
	$R_m = 0.49~0.785\text{GPa}$	10°~15°	5°~10°
	$R_m = 0.785~1.176\text{GPa}$	5°~10°	0°~5°
铸铁	<150HBW	15°	10°
	150~200HBW	12°	7°
	200~250HBW	8°	4°
铜、铝	黄铜	3°~10°	0°~5°
	青铜	2°~5°	0°~3°
	纯铜、铝	20°~25°	15°~20°

表 5-5 成形车刀的后角

车刀种类	后角 α_f
圆形成形车刀	10°~15°
棱形成形车刀	12°~17°
平体成形车刀	25°~30°

5.3.3 成形车刀的设计与制造*

1. 成形车刀的截形设计

(1) 成形车刀截形与工件廓形的关系　为了便于制造和检验,棱形成形车刀的截形是指垂直于后面剖面内的截形;圆形成形车刀的截形是指通过轴线剖面内的截形。从图 5-13a 中可以看出,成形车刀的截形是根据被加工零件的轴向廓形确定的。当成形车刀的前角 γ_f 和后角 α_f 均等于 0°时,成形车刀的截形和工件的轴向廓形完成相同,此时,成形车刀的截形无须修正,刀具的截形深度 T 等于工件的廓形深度 t。但这种成形车刀是不能正常工作的,必须具有合理的前角和后角才能有效地工作。

当成形车刀的前角 $\gamma_f = 0°$、后角 $\alpha_f > 0°$ (图 5-13b) 或 $\gamma_f > 0°$、$\alpha_f > 0°$ (图 5-13c) 时,由于与后面垂直剖面的位置随后角的变化而偏离了工件轴向剖面,而且随着前角和后角的变化,切削刃的位置也在变动,因此,刀具的法剖面截形与工件的轴向廓形不相同。从图中可以看出,成形车刀的截形深度 T 小于零件的廓形深度 t,且 γ_f 和 α_f 越大,这两个深度尺寸相差就越大,所以说,成形车刀有了前角和后角后,其截形便产生了畸变。因此,为了保证成形车刀能切出正确的工件廓形,必须在设计成形车刀时,对刀具的截形深度进行修正计算。

由于刀具的截面宽度与工件上相应的廓形宽度相等,因此宽度尺寸不必修正。

(2) 截形设计的准备工作

1) 选取形状与尺寸变化的各转折点。根据工件廓形与加工要求,选取形状与尺寸变化的各转折点作为廓形组成点。直线廓形取两端点作为组成点;曲线廓形除选两端点外,还应视曲线部分的精度要求，在曲线部分的中间再取若干点作为组成点。然后顺次给各组成点编号，并将工件廓形上半径最小处的点作为基准点 1。

2) 计算各转折点的名义尺寸。一般将平均尺寸作为设计时的名义尺寸，例如，某转折点的直径为 $\phi 25_{0}^{+0.10}$，则该点的名义尺寸为（25.1mm + 25mm）/2 = 25.05mm。

（3）成形车刀作图法截形设计　用作图法进行截形设计具有方法简单、清晰的优点，但精确度较低。

1) 棱形成形车刀。如图 5-14 所示，先按放大比例，以平均尺寸画出工件的主、俯视图。在主视图上，从基准点 1′分别作与水平线下斜 γ_f 角的前面投影线，以及与水平线的垂直线成 α_f 角的后面投影线。前面投影线与工件各圆的交点为 2′、3′（4′）。过这些点分别作与后面投影线平行的直线，则它们和基准点处后面的垂直距离 P_2、P_3（P_4）即为各组成点处的截形深度。最后可由各组成点的截形深度和截形宽度，根据投影原理求出后面法平面内的刀具截形图。

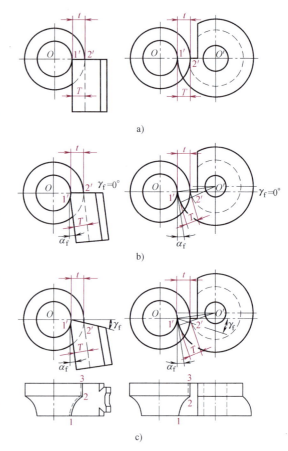

图 5-13　成形车刀截形与工件廓形的关系

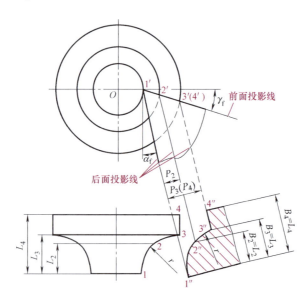

图 5-14　用作图法求棱形成形车刀截形

2）圆形成形车刀。如图 5-15 所示，在主视图上，自基准点 1′作与水平线下斜 γ_f 角的前面投影线，向上作与水平线倾斜 α_f 角的上斜线，以 1′为起点，成形车刀外圆半径 R 在上斜线上截交，交点 O' 即为刀具圆心。前面投影线与工件上各圆的交点为 2′、3′（4′），各交点 2′、3′（4′）与刀具圆心 O' 的连线，即为所求刀具截形上各组成点的半径 R_2、R_3（R_4），由此即可在俯视图上作出刀具轴向剖面内的截形 1″、2″、3″、4″。

（4）成形车刀计算法截形设计 计算法的精度高，但较复杂，若利用计算机编程运算则较方便。用计算法求棱形

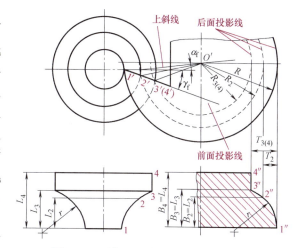

图 5-15 用作图法求圆形成形车刀截形

成形车刀截形时，需要作出图 5-16a 所示的计算图；求圆形成形车刀截形时，需要作出图 5-16b 所示的计算图。刀具截形可由表 5-6 所列公式求得。

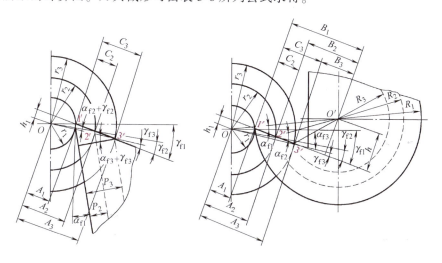

a) 棱形成形车刀截形计算图　　　　b) 圆形成形车刀截形计算图

图 5-16 成形车刀截形计算图

表 5-6 成形车刀截形设计计算公式

序号	棱形成形车刀截形计算公式	圆形成形车刀截形计算公式
1	$h_1 = r_1 \sin\gamma_{f1}$	
2	$A_1 = r_1 \cos\gamma_{f1}$	
3	$\sin\gamma_{f2} = h_1/r_2$	
4	$A_2 = r_2 \cos\gamma_{f2}$	
5	$C_2 = A_2 - A_1$	
6	$T_2 = C_2 \cos(\alpha_{f2} + \gamma_{f2}) = C_2 \cos(\alpha_{f1} + \gamma_{f1})$	$h = R\sin(\alpha_{f1} + \gamma_{f1})$

(续)

序号	棱形成形车刀截形计算公式	圆形成形车刀截形计算公式
7	$\sin\gamma_{f3} = h_1/r_3$	$B_1 = R\cos(\alpha_{f1} + \gamma_{f1})$
8	$A_3 = r_3\cos\gamma_{f3}$	$B_2 = B_1 - C_2$
9	$C_3 = A_3 - A_1$	$\tan(\alpha_{f2} + \gamma_{f2}) = h/B_2$
10	$T_3 = C_2\cos(\alpha_{f3} + \gamma_{f3}) = C_3\cos(\alpha_{f1} + \gamma_{f1})$	$R_2 = h/\sin(\alpha_{f2} + \gamma_{f2})$
11		$\sin\gamma_{f3} = h_1/r_3$
12		$A_3 = r_3\cos\gamma_{f3}$
13		$C_3 = A_3 - A_1$
14		$B_3 = B_1 - C_3$
15		$\tan(\alpha_{f3} + \gamma_{f3}) = h/B_3$
16		$R_3 = h/\sin(\alpha_{f3} + \gamma_{f3})$

2. 成形车刀加工锥体工件时的误差分析

普通成形车刀加工锥体工件时,加工后发现圆锥部分的素线不是直线,而是一条内凹的双曲线,锥体实际上变成了双曲线体,因而产生了误差,这个误差称为双曲线误差。对于普通成形车刀来说,无论是用棱形成形车刀或圆形成形车刀加工锥体工件,只要前角和后角不等于0°,就都会产生这种误差。下面分棱形成形车刀和圆形成形车刀两种情况进行分析。

(1) 棱形成形车刀加工锥体工件时的误差分析 由图5-17a可见,当$\gamma_f>0°$时,前面M-M不通过工件的轴线,即锥面部分的切削刃1-2′不在工件的轴向剖面内。车削平面M-M时,工件将被多车去一部分材料。因此,想要在工件上车出正确的圆锥表面,应使M-M平面内的切削刃形状成为内凹的双曲线。这样,棱形成形车刀的截形也应做成相应的曲线,但其设计和制造都很困难。

(2) 圆形成形车刀加工锥体工件时的误差分析 由图5-17b可见,当$\gamma_f>0°$时,前面M-M也不通过工件的轴线,此时也会产生上述加工时的双曲线误差。另外,由于圆形成形车刀本身也是圆锥体,M-M平面与它相交所得到的交线,即切削刃(1-4-2)是一条外凸双曲线,因此,将会从工件上车去更多的材料,使工件的圆锥素线更内凹。由此可见,圆形成形车刀的误差要比棱形成形车刀的大,误差大小等于圆形成形车刀本身的双曲线误差加上切削刃与工件素线不重合产生的双曲线误差。

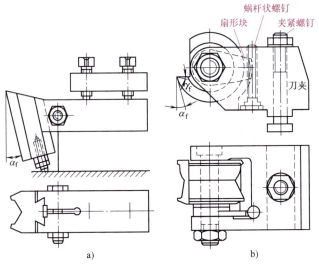

图5-17 成形车刀加工锥体时的双曲线误差分析

5.4　现代先进加工技术*

5.4.1　精密加工

精密加工是指加工精度和表面光洁程度高于各相应加工方法精加工的各种加工工艺。

精密机械加工是利用加工机械对工件的外形尺寸或性能进行改变的过程。按被加工工件所处的温度状态,精密机械加工分为冷加工和热加工。一般在常温下进行,并且不引起工件的化学或物相变化的加工,称为冷加工;一般在高于或低于常温状态下进行,会引起工件的化学或物相变化的加工,称为热加工。冷加工按加工方式的差别可分为切削加工和压力加工。热加工常见的有热处理、锻造、铸造和焊接。

精密机械加工包括精密切削加工（如金刚镗、精密车削、宽刃精刨等）和高光洁高精度磨削。精密加工的加工精度一般在 $0.1\sim10\mu m$,公差等级在 IT5 以上,表面粗糙度值在 $Ra0.1\mu m$ 以下。

精密切削加工是依靠精度高、刚性好的机床和精细刃磨的刀具,用很高或极低的切削速度、很小的切削深度和进给量在工件表面切去一层极薄金属的过程,显然,这个过程能显著提高零件的加工精度。由于切削过程残留面积小,又最大限度地清除了切削力、切削热和振动等的不利影响,因此能有效地去除上道工序留下的表面变质层,加工后表面基本上不存在残余拉应力,表面粗糙度值也大大减小,极大地提高了加工表面质量。

高光洁高精度磨削同样要求机床有很高的精度和刚性,磨削过程是用经精细修整的砂轮,使每个磨粒上产生多个等高的微切削刃,以很小的磨削深度,在适当的磨削压力下,从工件表面切下很微细的切屑,加上微切削刃呈微钝状态时的滑擦、挤压、抚平作用和多次无进给光磨阶段的摩擦抛光作用,从而可获得很高的加工精度和物理机、械性能良好的高光洁表面。综上所述,采用精密加工工艺可全面提高工件的加工精度和表面质量。

5.4.2　纳米加工

所谓纳米技术,是指在 $0.1\sim100nm$ 的尺度里,研究电子、原子和分子内的运动规律和特性的一项崭新技术。科学家们在研究物质构成的过程中,发现在纳米尺度下隔离出来的几个、几十个可数原子或分子,显著地表现出许多新的特性,而利用这些特性制造具有特定功能设备的技术,就称为纳米技术。

纳米加工是指精度达到纳米级的加工制造,按加工方式,纳米加工可分为切削加工、磨料加工（分固结磨料和游离磨料）、特种加工和复合加工四类。另外,纳米加工还可分为传统加工、非传统加工和复合加工。传统加工是指刀具切削加工、固有磨料和游离磨料加工；非传统加工是指利用各种能量对材料进行加工和处理；复合加工是指采用多种加工方法的复合作用。

纳米加工包括机械加工、化学腐蚀加工、能量束加工、复合加工、隧道扫描显微技术加工等多种方法。机械加工方法有单晶金刚石刀具超精密切削、金刚石砂轮和 CBN 砂轮超精密磨削及镜面磨削,磨、砂带抛光等固定磨料工具的加工,研磨、抛光等自由磨料的加工等。能量束加工可以对被加工对象进行去除、添加和表面改性等处理,例如,用激光进行切割、钻孔和表面硬化改性处理；用电子束进行光刻、焊接、微米级和纳米级钻孔、切削加工；离子和等离子体刻蚀等。能量束加工还包括电火花加工、电化学加工、电解射流加工、分子束外延加工等方法。

纳米技术是一种交叉性很强的综合技术，其研究内容涉及现代科技的广阔领域。纳米科技现在已经包括纳米生物学、纳米电子学、纳米材料学、纳米机械学、纳米化学等学科。

5.4.3 激光加工

1. 激光加工的原理

激光加工是利用光的能量经过透镜聚焦后，在焦点上达到很高的能量密度，靠光热效应进行加工的方法。激光加工不需要工具、加工速度快、工件表面变形小，可加工各种材料。激光加工是激光系统最常用的应用之一。根据激光束与材料相互作用的机理，大体可将激光加工分为激光热加工和光化学反应加工两类。激光热加工是指利用激光束投射到材料表面产生的热效应来完成加工过程，包括激光焊接、激光雕刻切割、表面改性、激光打标、激光钻孔和微加工等；光化学反应加工是指激光束照射到物体上，借助高密度激光的高能光子引发或控制光化学反应的加工过程，包括光化学沉积、立体光刻、激光雕刻刻蚀等。

2. 激光加工的特点

与传统加工技术相比，激光加工具有以下明显特点：

1）激光功率密度大，工件吸收激光后温度迅速升高而熔化或汽化，即使熔点高、硬度大和质脆的材料（如陶瓷、金刚石等）也可用激光加工，因此可以对多种金属、非金属进行加工。

2）激光头与工件不接触，对工件无直接冲击，因此无机械变形，并且高能量激光束的能量及其移动速度均可调，因此可以实现多种加工目的。另外，激光加工不存在加工工具磨损和工件变形的问题。

3）工件不受应力，不易被污染。

4）可以对运动的工件或密封在玻璃壳内的材料进行加工。

5）激光束的发散角可小于1mrad，光斑直径可小到微米量级，作用时间可以短到纳秒和皮秒，同时，大功率激光器的连续输出功率又可达千瓦至十千瓦量级，因而激光既适用于精密微细加工，又适用于大型材料的加工。

6）激光束容易控制，易于与精密机械、精密测量技术和电子计算机相结合，从而可实现加工的高度自动化和达到很高的加工精度。

7）在恶劣环境中或其他人难以接近的地方，可用机器人进行激光加工。

8）具有材料浪费少、在规模化生产中成本效应明显、对加工对象具有很强的适应性等优势。

3. 激光加工的分类

（1）激光切割　激光切割技术广泛应用于金属和非金属材料的加工中，可大大减少加工时间，降低加工成本，提高工件质量。激光切割是利用激光聚焦后产生的高功率密度能量来实现的。与传统的板材加工方法相比，激光切割具有高的切割质量、高的切割速度、高的柔性（可随意切割任意形状）、广泛的材料适应性等优点。

1）激光熔化切割。在激光熔化切割中，将工件局部熔化后，借助气流把熔化的材料喷射出去。因为材料的转移只发生在其液态情况下,所以该过程被称作激光熔化切割。激光光束配上高纯惰性切割气体促使熔化的材料离开割缝,而气体本身不参与切割。

激光熔化切割可以得到比汽化切割更高的切割速度。汽化所需的能量通常高于使材料熔化所需的能量。在激光熔化切割中,激光光束只被部分吸收。

最大切割速度随着激光功率的增加而增加,而随着板材厚度的增加和材料熔化温度的提高几乎反比例地减小。在激光功率一定的情况下,限制因素就是割缝处的气压和材料的热导率。

激光熔化切割对于铁制材料和钛金属可以得到无氧化切口。产生熔化但不到汽化的激光功率密度,对于钢材料来说为 $104 \sim 105 W/cm^2$。

2)激光火焰切割。激光火焰切割与激光熔化切割的不同之处在于使用氧气作为切割气体。借助于氧气和加热后的金属之间的相互作用,产生化学反应,对材料进行进一步加热。对于相同厚度的结构钢,采用该方法得到的切割速率比熔化切割要高。

另一方面,该方法和熔化切割相比切口质量可能更差。实际上,它会得到更宽的割缝、更大的表面粗糙度值、增大的热影响区和更差的边缘质量。

激光火焰切割在加工精密模型和尖角时效果较差(有烧掉尖角的危险)。可以使用脉冲模式的激光来限制热影响。

所用的激光功率决定切割速度。在激光功率一定的情况下,限制因素是氧气的供应和材料的热导率。

3)激光汽化切割。在激光汽化切割过程中,材料在割缝处发生汽化,此情况下需要非常高的激光功率。

为了防止材料蒸气冷凝到割缝壁上,材料的厚度一定不要大大超过激光光束的直径。因此,该加工方法只适合应用在必须避免有熔化材料排出的情况下。激光汽化切割实际上只用于铁基合金切割这一很小的领域。

激光汽化切割不能用于那些没有熔化状态,因而不能让材料蒸气再凝结的材料,如木材和陶瓷等。另外,这些材料通常要达到更厚的切口。

在激光汽化切割中,最优光束聚焦取决于材料厚度和光束质量,激光功率和汽化热对最优焦点位置只有一定的影响。所需的激光功率密度要大于 $108 W/cm^2$,并且取决于材料、切割深度和光束焦点位置。

在板材厚度一定的情况下,假设有足够的激光功率,则最大切割速度受到气体射流速度的限制。

(2)激光焊接 激光焊接是激光材料加工技术应用的重要方面之一。焊接过程属热传导型,即激光辐射加热工件表面,表面热量通过热传导向内部扩散,通过控制激光脉冲的宽度、能量、峰功率和重复频率等参数,使工件熔化,形成特定的熔池。由于其独特的优点,激光焊接已成功地应用于微、小型零件焊接中。与其他焊接技术比较,激光焊接的主要优点是焊接速度快、深度大、变形小,能在室温或特殊条件下进行焊接,焊接设备简单等。

(3)激光钻孔 随着电子产品朝着便携式、小型化的方向发展,对电路板小型化提出了越来越高的要求,提高电路板小型化水平的关键就是越来越窄的线宽以及不同层面线路之间越来越小的微型过孔和不通孔。传统的机械钻孔可以得到的最小尺寸仅为 $\phi 100 \mu m$,这显然已不能满足要求,取而代之的是一种新型的激光微型过孔加工方法。用 CO_2 激光器可获得直径为 30~40μm 的小孔，UV 激光器可加工 φ10μm 左右的小孔。利用激光在电路板上制作微孔及进行电路板直接成形与其他加工方法相比优越性极为明显，具有极大的商业价值，已在全世界范围内成为激光加工应用的热点。

（4）激光打孔　采用脉冲激光器可进行打孔，脉冲宽度为 0.1~1ms，特别适合打微孔和异形孔，孔径为 0.005~1mm。激光打孔已被广泛用于钟表和仪表中宝石轴承、金刚石拉丝模、化纤喷丝头等工件的加工。在造船、汽车制造等工业中，常使用百瓦至万瓦级的连续 CO_2 激光器对大工件进行切割，既能保证精确的空间曲线形状，又有较高的加工效率。对小工件的切割常用中、小功率固体激光器或 CO_2 激光器。在微电子学中，常用激光切划硅片或切窄缝，其速度快、热影响区小。用激光可对流水线上的工件进行刻字或打标记，并且不影响流水线的速度，刻划出的字符可永久保持。

（5）激光微调　激光微调是指采用中、小功率激光器除去电子元件上的部分材料，以达到改变电参数（如电阻值、电容量和谐振频率等）的目的。激光微调精度高、速度快，适用于大规模生产。利用类似原理可以修复有缺陷的集成电路的掩模，修补集成电路存储器以提高成品率，还可以对陀螺进行精确的动平衡调节。

（6）激光热处理　用激光照射材料，选择适当的波长和控制照射时间、功率密度，可使材料表面熔化和再结晶，达到淬火或退火的目的。激光热处理的优点是可以控制热处理的深度，可以选择和控制热处理部位，工件变形小，可处理形状复杂的零件和部件，可对不通孔和深孔的内壁进行处理。例如，气缸活塞经激光热处理后可延长寿命；用激光热处理可恢复因离子轰击而引起损伤的硅材料。

激光加工的应用范围还在不断扩大，如用激光制造大规模集成电路时不用耐蚀剂，工序简单，并能进行 0.5μm 以下图案的高精度蚀刻加工，从而大大提高了集成度。此外，激光蒸发、激光区域熔化和激光沉积等新工艺也在发展中。

5.4.4　高速切削

1. 高速切削的应用

高速切削是以比常规高数倍的切削速度进行切削加工的一项先进制造技术，现代加工中在数控机床上使用较多。其刀具速度及进给量比传统切削高很多，但是切削厚度变小，因此切屑比传统切削要薄。依照萨洛蒙曲线，若切削速度提高到一定程度（如传统切削速度的十倍），其切削温度反而会比传统切削低。

高速加工切削速度因工件材料和加工方法不同而异。高速加工各种材料的切削速度范围如图 5-18 所示。车削时，切削速度为 700~7000m/min；铣削时，为 300~6000m/min；钻削时，为 200~1100m/min；磨削时，为 50~300m/s。

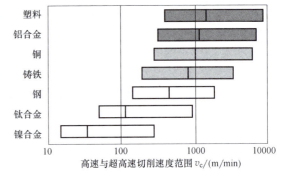

图 5-18　高速加工各种材料的切削速度范围

2. 高速切削的特点

高速切削之所以在工业界得到越来越广泛的应用，是因为它相对传统加工具有显著的优越性，具体说来有以下特点。

（1）生产率有效提高　高速切削加工允许使用较大的进给量，可比常规切削加工提高 5~10 倍，单位时间材料切除率可提高 3~6 倍。当加工需要大量切除金属的零件时，可使加工时间大大减少。高速切削省去了传统切削中的粗加工及精加工，大大提高了生产率。

（2）切削力至少降低 30%　由于高速切削采用极小的切削深度和小的切削宽度，因此切削力较小，与常规切削相比，切削力至少可降低 30%，这对于加工刚性较差的零件来说可减少加工变形，使一些薄壁类精细工件的切削加工成为可能。

（3）加工质量得到提高　因为高速旋转时刀具切削的激励频率远离工艺系统的固有频率，不会造成工艺系统的受迫振动，保证了较好的加工状态。由于切削深度、切削宽度和切削力都很小，使得刀具、工件变形小，保持了尺寸的精确性，也使得切削破坏层变薄、残余应力变小，实现了高精度、低表面粗糙度值加工。因为切削速度比热传导速度要快，大部分的热都留在切屑中，很少传到工件上，工件整体温度升高得较少，避免了工件因受热而产生变形，所以有利于减少工件的变形，提高加工精度。

（4）降低加工能耗，节省制造资源　由于单位功率的金属切除率高、能耗低以及工件在制时间短，从而提高了能源和设备的利用率，降低了切削加工在制造系统资源总量中的比例，符合可持续发展的要求。

（5）简化了加工工艺流程　常规切削加工不能加工淬火后的材料，必须通过人工修整或放电加工解决淬火变形问题。高速切削则可以直接加工淬火后的材料，在很多情况下可完全省去放电加工工序，消除了放电加工所带来的表面硬化问题，减少或免除了人工光整加工。

（6）高速切削的缺点。高速切削的超高转速使得工作场所需要增加安全防护设备，因为在高转速下，即使是最小的切屑也有相当高的飞行速度，甚至可能比枪支子弹的运动还快。而且刀具也比较容易磨损，会减少刀具寿命（不过材料加工需要的时间也变短了）。另外，高速切削对刀具平衡有很高要求，因为不平衡可能会产生极大的力，一方面会让刀具损坏，另一方面也强烈地影响了主轴的位置。因为高速切削的极高转速及负载，元件的消耗率高，需定期进行昂贵的保养并更换主轴、刀具。

项目 6

车床精度检测、故障分析与排除

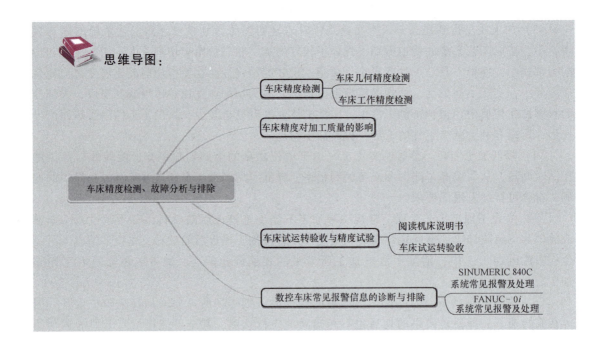

6.1 车床精度检测

在车床上加工工件时,影响加工质量的因素很多,如工件的装夹方法、车刀的几何形状、切削用量和加工方法等。当将这些方向都正确后,车床本身的精度是影响工件质量的一个重要因素。如果机床精度较差或机床某些部件损坏或机床间隙没有调整好,对加工精度的影响就会很大。

卧式车床精度检测内容包括几何精度检测和工作精度检测两部分。下面以床身上最大工件回转直径 $D_a \leqslant 800mm$ 的车床为例进行介绍。

6.1.1 车床几何精度检测

几何精度是指机床上某些基础零件本身的形状精度、位置精度及其相对运动精度。车床的几何精度符合要求是保证工件加工精度的最基本条件。车床几何精度要求项目及其检测方法如下。

1. 床身导轨调平

(1) 纵向导轨在垂直平面内的直线度误差 如图 6-1a 所示,检测前应将机床装在适当的基础上，在床脚紧固螺栓孔处设置可调镶条，用水平仪将机床调平。检测时，将框式水平仪纵向放置在溜板上靠近前导轨处（图6-1a中位置A），从刀架处于主轴箱一端的极限位置开始，从左向右移动溜板，每次移动距离应近似等于规定的局部误差测量长度。依次记录溜板在每一测量长度位置时的水平仪读数。将这些读数依次排列，用适当的比例画出导轨在垂直平面内的直线度误差曲线。水平仪读数为纵坐标，溜板在起始位置时的水平仪读数为起点，从坐标原点起作一折线段，其后每次读数都以之前折线段的终点为起点，画出相应折线段，各折线段组成的曲线，即为导轨在垂直平面内的直线度误差曲线。曲线相对其两端连线的最大坐标值，就是导轨全长的直线度误差，曲线上任一局部测量长度内的两端点相对曲线两端点的连线坐标差值，也就是导轨的局部直线度误差。

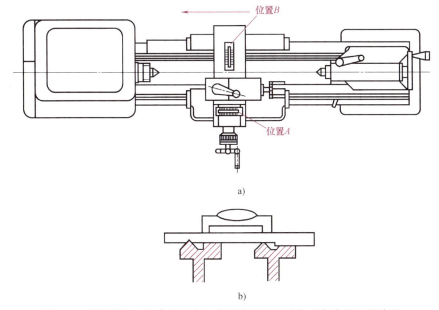

图6-1 床身导轨在垂直平面内的直线度误差和导轨平行度误差的检测

例如，一台最大工件长度为1000mm的车床，用分度值为0.02mm/1000mm的框式水平仪检测导轨在垂直平面内的直线度误差。水平仪垫铁长度为250mm，分四段测量，用绝对读数法（水准器气泡在中间位置时读作0。以零线为基准，气泡向任意一端偏离零线的格数，就是实际偏差的格数。在测量中，习惯把气泡向右移动作为"+"，向左移动作为"-"），每段测得水平仪读数为+1.8格、+1.4格、-0.8格、-1.6格。根据这些误差在坐标纸上以纵、横坐标按一定比例画出误差曲线，如图6-2所示。

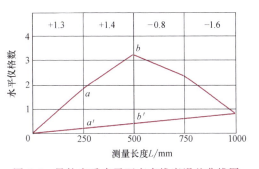

图6-2 导轨在垂直平面内直线度误差曲线图

导轨直线度误差的确定方法：作出曲线后再将曲线的首尾（两端点）连线，并经曲线的最高点作垂直于水平轴线方向的垂线，与连线相交的那段距离 h（即 bb'），即为导轨直线度误差的格数。从误差曲线图可以看到，导轨在全长范围内呈现出中间凸的状态，且凸起值在导轨 500mm 长度处。

将水平仪测量的偏差格数换算成标准的直线度误差值 δ，计算公式为

$$\delta = niL \tag{6-1}$$

式中　n——误差曲线中的最大误差格数；
　　　i——水平仪分度值；
　　　L——每段测量长度（mm）。

按误差曲线图，根据式 (6-1)，导轨全长的直线度误差 $\delta_全$ 为

$$\begin{aligned}\delta_全 &= \overline{bb'} \times 0.02\text{mm}/1000\text{mm} \times 250\text{mm} \\ &= 2.8 \times 0.02\text{mm}/1000\text{mm} \times 250\text{mm} \\ &= 0.014\text{mm}\end{aligned}$$

导轨直线度的局部误差 $\delta_局$ 为

$$\begin{aligned}\delta_局 &= (\overline{aa'} - 0) \times 0.02\text{mm}/1000\text{mm} \times 250\text{mm} \\ &= 1.6 \times 0.02\text{mm}/1000\text{mm} \times 250\text{mm} \\ &= 0.008\text{mm}\end{aligned}$$

对于最大工件长度 750mm、1000mm，直线度公差为 0.02mm（只许凸），局部公差在任意 250mm 测量长度上为 0.0075mm；对于最大工件长度 1500mm 及 2000mm，直线度公差分别为 0.025mm 和 0.03mm，局部公差在任意 500mm 测量长度上为 0.015mm。

根据上述规定，这种规格的车床，直线度全长公差为 0.02mm，局部公差为 0.0075mm；在导轨两端 DC/4（DC 为最大工件长度）测量长度上局部公差可以加倍。因此，该车床床身导轨在垂直平面内的直线度误差合格。

车床导轨中间部分使用机会较多，比较容易磨损，因此规定导轨只允许凸起。

（2）纵向导轨在垂直平面内的平行度误差　上一项检测结束后，将水平仪转位 90°，即与导轨垂直，放在溜板上（图 6-1a 中位置 B），纵向等距离移动溜板，移动距离与检测导轨在垂直平面内的直线度误差时相同。记录溜板在每一位置时水平仪的读数，水平仪在全部测量长度上读数的最大代数差，就是导轨（横向）的平行度误差。也可将水平仪放在专用桥板上（图 6-1b），在导轨上进行检测。公差为 0.04mm/1000mm。

2. 溜板移动在水平面内的直线度误差（在两顶尖轴线和刀尖所确定的平面内检测）

检测方法如图 6-3 所示。将指示表磁性表座吸于溜板上，使其测头触及主轴和尾座顶尖间的检验棒侧素线上，调整尾座，使指示表在检验棒两端的读数相等。然后移动溜板，在全行程上检测。指示表在全行程上读数的最大代数差值，就是水平面的直线度误差。

对于最大工件长度 750mm、1000mm，溜板移动在水平面内的直线度公差为 0.02mm；对于长度 1500mm 及 2000mm，该公差分别为 0.02mm、0.025mm。规定只许向操作者方向凸，以便补偿切削时产生的弹性变形。

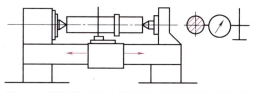

图 6-3　溜板移动在水平面内直线度误差的检测

3. 尾座移动对溜板移动的平行度误差

检测方法如图 6-4 所示。将指示表磁性表座固定在溜板上，使指示表测头触及近尾座体端面的顶尖套上素线和侧素线上（a 位置检测垂直平面内的平行度误差；b 位置检测水平面

内的平行度误差）。然后锁紧顶尖套，使尾座与溜板一起移动（允许在溜板与尾座之间加一个垫），在溜板全行程上进行检测。分别计算 a、b 两位置的误差，指示表在任意 500mm 行程上和全部行程上读数的最大差值，就是局部长度和全长上的平行度误差。

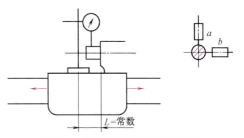

图 6-4 尾座移动对溜板移动平行度误差的检测

对于最大工件长度为 750mm、1000mm、1500mm 的车床，a 和 b 位置的公差为 0.03mm，局部公差为 0.02mm；对于最大工件长度为 2000mm 的车床，a 和 b 的公差为 0.04mm，局部公差为 0.03mm。对 a 来讲，只许向上凸起；对 b 来讲，只许偏向操作者一边。

4. 主轴的轴向窜动和轴肩支承面的轴向圆跳动

（1）主轴轴向窜动的检测 如图 6-5 所示。在主轴锥孔内插入一根短锥检验棒，在检验棒端部中心孔内放一钢球，将指示表固定在机床上，使指示表平测头顶在钢球上（图 6-5 中的位置 a），为消除滚柱轴承游隙的影响，在测量方向上沿主轴轴线加力 F，其大小一般为主轴重量的 50%~100%。慢速旋转主轴进行检测，指示表读数的最大差值，就是主轴的轴向窜动误差。

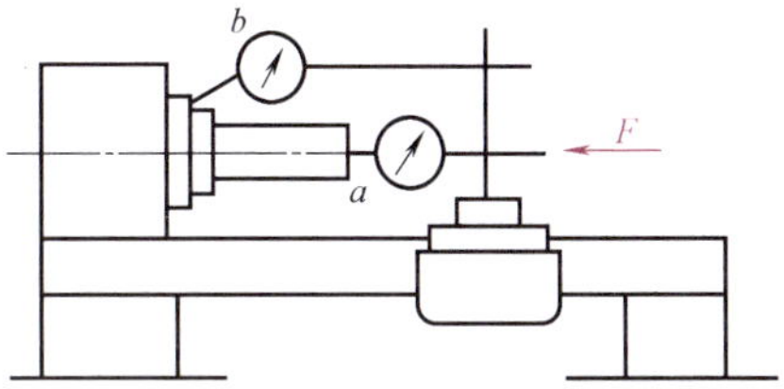

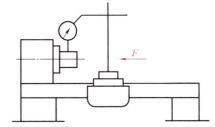

图 6-5 主轴的轴向窜动和轴肩支承面轴向圆跳动的检测

（2）主轴轴肩支承面轴向圆跳动误差的检测 将指示表固定在机床上，指示表测头触及轴肩支承面靠近外缘处（图 6-5 中的位置 b），沿主轴轴线加力 F，旋转主轴，分别在相隔 90°的四个位置上进行检测，四次测量结果中的最大差值，就是主轴轴肩支承面的轴向圆跳动误差。

主轴的轴向窜动公差为 0.01mm，主轴轴肩支承面的轴向圆跳动公差为 0.02mm。

5. 主轴定心轴颈的径向圆跳动

将指示表固定在机床上，使其测头垂直触及圆柱（锥）轴颈表面，如图 6-6 所示。沿主轴轴线加力 F（以消除轴承的轴向间隙），旋转主轴进行检测。指示表读数的最大差值，就是主轴定心轴颈的径向圆跳动误差。

图 6-6 主轴定心轴颈径向圆跳动的检测

对该项目来讲，主轴定心轴颈的径向圆跳动公差为 0.01mm。

6. 主轴锥孔中心线的径向圆跳动

检测时，在主轴锥孔内插入一根检验棒，把指示表固定在机床上，使其测头触及检验棒的上素线，如图 6-7 所示。旋转主轴，分别在 a 处和 b 处进行检测（a 处靠近主轴端面，b 处距主轴端面 300mm）。a、b 两处的误差应分别计算，为了消除检验棒本身误差的影响，一次检测后，须拔出检验棒，相对主

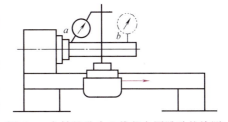

图 6-7 主轴锥孔中心线径向圆跳动的检测

轴旋转90°，再重新插入主轴锥孔中依次重复检测三次，在每次检测时记录指示表读数的差值，共检测四次，取四次测量结果的平均值，就是径向圆跳动误差。a处的公差为0.01mm，b处在300mm测量长度上公差为0.02mm。

7. 主轴轴线对溜板纵向移动的平行度

检测方法如图6-8所示。在主轴锥孔中插入一根检验棒，把指示表磁性表座固定在床鞍上，使指示表测头触及检验棒表面。分别在a、b两处（a在垂直平面内，b在水平面内）移动溜板进行检测，记录每次测量时指示表读数的最大差值。然后将主轴回转180°，再以同样的方法检测一次，a、b处的误差应分别计算，两次测量结果的代数和的一半（这是为了消除检验棒本身的误差），就是平行度误差。

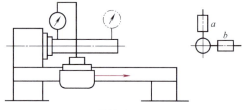

图6-8 主轴轴线对溜板移动的平行度误差的检测

a处在300mm测量长度上公差为0.02mm（$D_a \leq 800$mm，只许向上偏）；b处在300mm测量长度上公差为0.015mm（只许向前偏，即向操作者方向偏）。

在垂直平面内只许向上偏是为了部分补偿由工件自重引起的偏差，在水平面内只许向前偏是为了补偿由切削力引起的弹性变形。

8. 主轴顶尖的径向圆跳动

检测方法如图6-9所示。将检验用专用顶尖插入主轴锥孔内，把指示表磁性表座固定在床鞍上，使指示表测头垂直地触及顶尖的圆锥表面。沿主轴轴线加力F，旋转主轴进行检测。把指示表读数的最大差值除以$\cos\alpha/2$（$\alpha/2$为圆锥半角）后所得的数值，就是顶尖的径向圆跳动误差。

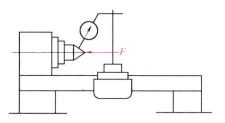

图6-9 主轴顶尖径向圆跳动的检测

该检测项目的公差为0.015mm（$D_a \leq 800$mm）。

9. 尾座套筒轴线对溜板移动的平行度

检测方法如图6-10所示。检测前，先将尾座固定在床身上最大工件长度一半的位置处。检测时，将尾座套筒伸出量调至约为最大伸出长度的一半并锁紧。把指示表磁性表座固定在床鞍上，使指示表测头分别触及套筒表面上的a、b两处（a处检测垂直平面内的平行度误差；b处检测水平面内的平行度误差）。移动溜板检测，a、b处的误差应分别计算，指示表读数的最大差值，就是平行度误差。

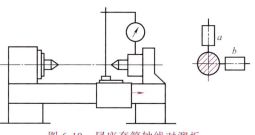

图6-10 尾座套筒轴线对溜板移动的平行度误差的检测

a处在100mm测量长度上公差为0.02mm（$D_a \leq 800$mm，只许向上偏）；b处在100mm测量长度上公差为0.015mm（只许向前偏）。

10. 尾座套筒锥孔中心线对溜板移动的平行度

检测方法如图 6-11 所示。尾座在床身上的位置按上述第九项设置，检测时，把尾座套筒退入尾座孔内并锁紧，在套筒锥孔中插入检验棒，将指示表磁性表座固定在床鞍上，使指示表测头触及检验棒表面 a、b 两处（a 处检测垂直平面内的平行度误差，b 处检测水平面内的平行度误差）。移动溜板检测，检测完毕后，退出检验棒并旋转 180°，重新插入套筒锥孔中，重复检测一次。a、b 处的误差应分别计算，两次测量结果的代数和的一半就是平行度误差。

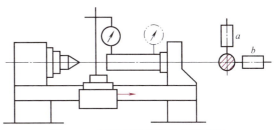

图 6-11　尾座套筒锥孔中心线对溜板移动的平行度误差的检测

a 处在 300mm 测量长度上公差为 0.03mm（$D_a \leqslant 800$mm，只许向上偏）；b 处在 300mm 测量长度上公差为 0.03mm（只许向前偏）。

该误差主要影响尾座装夹刀具和用顶尖定位加工轴的精度。在垂直平面内误差方向只许向上，是为了部分补偿工件自重的影响；在水平面内误差方向只许向前，是为了补偿由切削力引起的弹性变形。将检验棒旋转 180° 重复检测一次，是为了消除检测工具本身的精度误差。

11. 主轴和尾座两顶尖的等高度

检测方法如图 6-12 所示。检测时，在主轴与尾座顶尖间装入检验棒，把指示表磁性表座固定在床鞍上，使指示表测头在垂直平面内分别触及检验棒的两端进行检测。指示表在检验棒两端读数的差值，就是等高度误差。应注意尾座套筒应退入尾座孔内并锁紧，尾座在导轨上的位置按上述第九项设置。

该检测项目的公差为 0.04mm（只许尾座高）。规定只许尾座高是因为考虑到主轴箱运转时产生热变形而引起主轴轴线升高，同时由于尾座经常移动会使导轨磨损，从而起补偿作用。

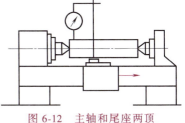

图 6-12　主轴和尾座两顶尖等高度的检测

12. 小刀架纵向移动对主轴轴线的平行度

检测方法如图 6-13 所示。检测时，将检验棒插入主轴锥孔内，指示表固定在小滑板上，使其测头在水平面内触及检验棒。调整小刀架下的转盘位置，使指示表在检验棒两端的读数相等。再将指示表测头在垂直平面内触及检验棒，移动小滑板进行检测。检测完毕后，将主轴旋转 180°，再按同样的方法检测一次，两次测量结果的代数和的一半，就是平行度误差。

该检测项目在 300mm 测量长度上公差为 0.04mm。

13. 横刀架横向移动对主轴轴线的垂直度

检测方法如图 6-14 所示。将检验平盘固定在主轴上，指示表磁性表座固定在中滑板上，使指示表测头触及平盘表面，移动中滑板进行检测。然后将主轴旋转 180°，再按同样的方法检测一次，两次测量结果的代数和的一半，就是垂直度误差。

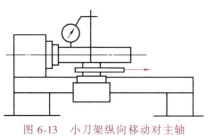
图 6-13 小刀架纵向移动对主轴轴线平行度误差的检测

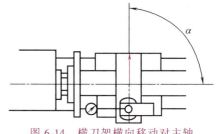
图 6-14 横刀架横向移动对主轴轴线垂直度误差的检测

该检测项目在 300mm 测量长度上公差为 0.02mm，偏差角度 $\alpha \geq 90°$。考虑 $\alpha \geq 90°$ 是因为加工出的端面应内凹，以保证接触良好。

14. 丝杠的轴向窜动

检测方法如图 6-15 所示。检测前先在丝杠中心孔内用润滑脂黏一钢球。检测时，将指示表磁性表座固定在床身导轨上，使指示表测头触及钢球顶端。在丝杠中段处闭合开合螺母，旋转丝杠进行检测。指示表读数的最大差值，就是丝杠的轴向窜动误差。

该检测项目公差为 0.015mm。

15. 由丝杠产生的螺距累积误差

检测方法如图 6-16 所示。检测时，把长度不小于 300mm 的标准丝杠装在主轴与尾座的两顶尖间。将电传感器固定在床鞍上，使其触头触及螺纹的侧面，移动溜板进行检测。电传感器在任意 300mm 和任意 60mm 测量长度内的读数差值，就是丝杠产生的螺距累积误差。此项误差也可用长度规检测。

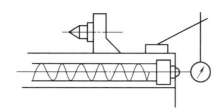
图 6-15 丝杠轴向窜动的检测

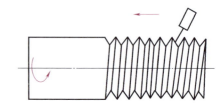
图 6-16 由丝杠产生的螺距累积误差的检测

1）当最大工件长度不大于 2000mm 时，在任意 300mm 测量长度上公差为 0.04mm；最大工件长度大于 2000mm 时，每增加 1000mm 公差增加 0.005mm，最大公差为 0.05mm。

2）在任意 60mm 测量长度内公差为 0.015mm。本项目可与第三项任选一种进行检测。

6.1.2 车床工作精度检测

车床的几何精度只能在一定程度上反映机床的加工精度，因为在实际工作状态下，还有一系列因素会影响加工精度。例如，在切削力、夹紧力的作用下，机床的零部件会产生弹性变形；在内、外热源的影响下，机床的零部件会产生热变形；在切削力和运动速度的影响下，机床会产生振动等。车床的工作精度是指车床在运动状态下和切削力作用下的精度，即车床在工作状态下的精度。车床的工作精度是通过加工出来的试件精度来评定的，也是各种因素对加工精度影响的综合反映。

卧式车床的工作精度检测项目、公差及检测工具见表 6-1。

项目6 车床精度检测、故障分析与排除

表 6-1 卧式车床的工作精度检测项目、公差及检测工具　　　　（单位：mm）

序号	检测项目	检测性质	切削条件	公差 $D_a \leq 800$	公差 $800 < D_a \leq 1600$	检测工具	备注
1	简图及试件尺寸：$D \geq \dfrac{D_a}{8}, L_1 = \dfrac{D_a}{2}, L_{1max} = 500, L_{2max} = 20$；试件材料为钢材							
	精车外圆的精度 a 为圆度误差 b 为圆柱度误差（任何锥度都应当大直径靠近床头端）（热检）	精车夹在卡盘中的圆柱试件（试件材料为钢件）试件也可插在主轴锥孔中	在圆柱面上车削三段直径,当 $L_1 <$ 50 时可车削两段直径	a: 0.01 b: 0.04	a: 0.02 b: 0.04 两个相邻台阶的直径差（只有两个台阶时除外）不应大于最外面两个台阶直径差的75%	外径千分尺或精密检验工具	在精车后在三段直径上检测圆度和圆柱度误差 圆度误差 a 以试件同一横截面内的最大与最小直径之差计 圆柱度误差 b 以试件任意轴向截面内的最大与最小直径之差计
2	简图及试件尺寸：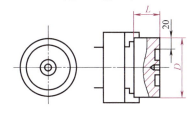 $L_{max} = \dfrac{D_a}{8}, D \geq \dfrac{D_a}{2}$；试件材料为铸铁							
	精车端面的平面度（热检）	精车夹在卡盘中的盘形试件	精车垂直于主轴的端面（可车两个或三个20宽的平面,其中之一为中心平面）	300 直径上为 0.025（只许凹）		平尺和量块或指示器	用平尺和量块检测,也可用指示器固定在横刀架上,使其测头触及端面的后部半径,移动刀架检测。指示器读数的最大差值之半,就是平面度误差

(续)

序号	检测项目	检测性质	切削条件	公差 $D_a \leqslant 800$	公差 $800 < D_a \leqslant 1600$	检测工具	备注
3	精车300长螺纹的螺距误差（热检）	精车两顶尖间的圆柱试件上的60°普通螺纹	试件螺距应与螺母丝杠螺距相同，直径应尽可能接近螺母丝杠直径	1) $D_C \leqslant 2000$ 时，在300测量长度内为0.04；$D_C > 2000$ 时，最大工件长度每增加1000，公差增加0.005，最大公差为0.05 2) 在任意60测量长度上为0.015		专用精密检测工具	精车后，在300和任意50长度内进行检测，螺纹表面应洁净、无注陷与波纹（本项与几何精度检测第十五项可任检一项）

简图及试件尺寸

对表6-1说明如下。

（1）精车外圆的圆度检测（序号1） 卧式车床精车外圆后，其表面粗糙度值不大于$Ra2.5\mu m$；精密卧式车床精车外圆后，其表面粗糙度值不大于$Ra1.25\mu m$。

（2）精车端面的平面度检测（序号2） 车削试件端面时允许不车环形带，而车削全部平面。当试件端面采取车环形带时，对于$D_a > 800mm$的车床，必须留有三个环形带。

在试件端面上可留有直径约为$D_a/20$的中心孔，但中心孔直径不得大于10mm。

精车端面后，其表面粗糙度值不大于$Ra0.5\mu m$。

（3）精车螺纹检测（序号3） 车削时必须经过进给机构，不允许直接车削。

螺纹的左右侧面均应检测。试件直径应尽可能接近螺母丝杠直径，允许误差为±2mm。

对标准中"螺纹表面应洁净、无注陷与波纹"的规定，检测时应考核螺纹表面光滑、无振纹、无波纹、无啃刀痕迹。

6.2 车床精度对加工质量的影响

卧式车床的各项精度所对应的车床本身的误差，加工时就会在被加工工件上反映出来，影响工件的加工质量和生产率。卧式车床机床误差对加工质量的影响见表6-2。在实际生产中，可依据有关影响的具体因素对车床进行调整或修理。

表6-2 卧式车床机床误差对加工质量的影响

序号	机床误差	对加工质量的影响	加工误差简图
1	纵向导轨在垂直平面内的直线度误差	车削内、外圆时，刀具纵向移动过程中高低位置发生变化，影响工件素线的直线度，一般影响较小	

（续）

序号	机床误差	对加工质量的影响	加工误差简图
2	纵向导轨在垂直平面内的平面度误差	车削内、外圆时，刀具纵向移动过程中高低及前后位置均发生变化，影响工件素线的直线度，其中前后位置变化的影响较大，并会产生锥度	
3	溜板移动在水平面内的直线度误差	车削内、外圆时，刀具纵向移动过程中前后位置发生变化，影响工件素线的直线度，且影响较大	
4	主轴定心轴颈的径向圆跳动误差	用卡盘夹持工件车削内、外圆时，将使工件产生圆度、圆柱度误差，增大表面粗糙度值；影响加工表面与夹持面的同轴度，以及多次装夹中加工出的各表面的同轴度；钻、扩、铰孔时使孔径扩大以及工件表面粗糙度值增大	
5	主轴锥孔中心线的径向圆跳动误差	用前、后顶尖支承工件车削外圆时，将影响工件的圆度和圆柱度，加工表面与中心孔的同轴度；多次装夹时加工出的各表面的同轴度，以及工件表面粗糙度	
6	主轴的轴向窜动	车削端面时，影响工件端面的平面度；精车内、外圆时，影响工件的加工表面粗糙度 车削螺纹时，影响螺距精度	
7	主轴轴肩支承面的轴向圆跳动误差	使装夹在主轴上的卡盘或其他夹具产生歪斜，影响被加工表面与基准面之间的相互位置精度，如工件内、外圆的同轴度，端面与轴线的垂直度等	
8	主轴轴线对溜板纵向移动的平行度误差	用卡盘或其他夹具夹持工件（不用后顶尖支承）车削内、外圆时，刀尖移动轨迹与工件回转轴线在水平面内的平行度误差，使工件产生锥度；在垂直平面内的平行度误差，影响工件素线的直线度	

(续)

序号	机床误差	对加工质量的影响	加工误差简图
9	主轴和尾座两顶尖的等高度误差	用前、后顶尖支承工件车削外圆时,刀尖移动轨迹与工件回转轴线间产生平行度误差,影响工件素线的直线度;用装在尾座套筒锥孔中的刀具进行钻、扩、铰孔时,刀具轴线与工件回转轴线间产生同轴度误差,使被加工孔的孔径扩大	
10	尾座套筒锥孔中心线对溜板移动的平行度误差	用装在尾座套筒锥孔中的刀具钻、扩、铰孔时,在保证主轴轴线对溜板移动的平行度的前提下,本项误差将使刀具轴线与工件回转轴线间产生同轴度误差,使加工孔的孔径扩大,并产生喇叭形	
11	尾座套筒轴线对溜板的平行度误差	用前、后顶尖支承工件车削外圆时,影响工件素线的直线度;用装在尾座套筒锥孔中的刀具钻、扩、铰孔时,在保证主轴轴线对溜板移动的平行度的前提下,本项误差将使刀具进给方向与工件回转轴线不重合,引起加工孔的孔径扩大和产生喇叭形	
12	尾座移动对溜板移动的平行度误差	尾座移动至床身导轨上的不同纵向位置时,尾座套筒锥孔的中心线与主轴轴线会产生等高度误差,影响钻、扩、铰孔,以及使用前、后顶尖支承工件车削外圆时的加工精度,如产生圆柱度误差等	溜板移动方向
13	小刀架纵向移动对主轴轴线的平行度误差	用小刀架进给车削圆锥面时,影响工件的直线度	
14	横刀架横向移动对主轴轴线的垂直度误差	车削端面时,影响工件的平面度和垂直度	
15	丝杠的轴向窜动	车削螺纹时,刀具随刀架纵向进给时将产生轴向窜动,影响被加工螺纹的螺距精度;同样,也会影响蜗杆的轴向齿距精度	
16	由丝杠产生的螺距累积误差	车削螺纹时,机床主轴和刀架之间不能保持准确的运动关系,影响被加工螺纹的螺距精度	

注:表中所列各项车床精度误差,凡对车削内、外圆加工精度有影响的,则对车螺纹加工精度也有影响。

项目6 车床精度检测、故障分析与排除

6.3 车床试运转验收与精度试验*

车床在长期使用中,由于磨损、腐蚀、日常保养维护不良及操作不良等原因,会导致车床的精度、性能和效率等不断下降。因此,有时需要对车床进行大修,车床经大修后应对车床进行试运转、验收及精度试验。

6.3.1 阅读机床说明书

每台机床设备都有其特定的结构特点、技术性能指标和加工范围,因此,了解、看懂机床说明书是很重要的。对机床说明书应着重领会以下几点内容。

1) 了解和熟悉机床的主要构造、规格和技术性能,主要部件的精度要求,机床的保养及调整,润滑系统及用油指导。

2) 看懂传动系统图,明确传动系统的运动关系,能根据传动系统图和传动结构式进行有关加工计算。

3) 了解和熟悉机床的主要结构装配图,掌握机床装配过程中,部件与部件、零件与部件组装、调整的工艺要点,以及各典型部件安装调试的各项技术指标及要求。

4) 看懂机床电气控制原理图,并知道电动机和电气系统的安装方式和运行状态。

5) 检查清点机床部件、附件,能根据机床说明书操纵各手柄。

6.3.2 车床试运转验收

机床在安装完毕后,必须进行试运转和验收。其程序包括试运转前的检查、空运转试验、负荷试验和精度试验四个方面。

1. 试运转前的检查

为保证空运转的安全,在车床安装就位后、性能试验前,应对其进行全面的检查。

1) 车床安装稳固、可靠,各机构连接安装正确,各操作机构灵活、平稳、可靠。

2) 润滑系统正常、畅通、无泄漏现象。

3) 安全防护装置和保险装置安全、有效。

2. 空运转试验

空运转试验是在无负荷状态下起动车床,检查主轴转速。车床主运动各级转速的运转时间不少于5min(最高转速的运转时间不少于30min)。同时,对车床的进给机构也要进行低、中、高进给量的空运转试验。车床空运转试验的项目及验收要求见表6-3。

表6-3 车床空运转试验的项目及验收要求

序号	项目	验收要求
1	紧固件、操纵件、导轨间隙的检查	1)固定连接面应紧密贴合,用0.03mm塞尺检验时应插不进去。滑动导轨的表面除用涂色法检验接触斑点外,用0.03mm塞尺检查在端面处的插入深度应不大于20mm 2)转动手轮手柄时,所需的最大操纵力不应超过80N

(续)

序号	项 目	验收要求
2	主轴箱部件空运转试验	1) 检查主轴箱中的液面,不得低于油标线 2) 变换速度和进给方向的变换手柄应灵活,在工作位置和非工作位置上固定及定位要可靠 3) 进行空运转试验,试验时从最低速度开始依次运转主轴的所有转速。各级转速的运转时间以观察正常为限,在最高速度的运转时间不得少于 30min 4) 主轴滚动轴承的温度升高值不应超过 40℃;主轴滑动轴承的温度升高值不应超过 30℃;其他机构轴承的温度升高值不应超过 20℃;要避免因润滑不良而使主轴产生振动及过热 5) 摩擦离合器必须保证能够传递额定功率而不发生过热现象 6) 主轴箱制动装置在主轴转速为 300r/min 时,其制动为 2~3r
3	尾座部件的检查	1) 顶尖套由轴孔的最内端伸出至最大长度时应无不正常的间隙和滞塞,手轮转动要轻便,螺栓拧紧与松出应灵便 2) 顶尖套的夹紧装置应灵便可靠
4	溜板与刀架部件的检查	1) 溜板在床身导轨上,刀架的上、下滑座在燕尾导轨上的移动应均匀平稳,镶条、压板应松紧适宜 2) 各丝杠应旋转灵活、准确,有刻度装置的手轮,手柄反向时的空程量不超过 1/20r
5	进给箱、溜板箱部件的检查	1) 各种进给及换向手柄应与标牌相符,固定可靠,相互间的互锁动作可靠 2) 开闭开合螺母的手柄应准确可靠,且无阻滞或过松的感觉 3) 溜板及刀架在低速、中速、高速进给试验中应平稳、正常,且无显著振动 4) 溜板箱的脱落蜗杆装置应灵活可靠,按定位挡铁的位置能自行停止
6	交换齿轮架的检查	交换齿轮要配合良好、固定可靠
7	电动机、传动带的检查	电动机传动带的松紧要适中,四根 V 带应同时起作用
8	润滑系统的检查	各部分的润滑孔应有显著的标记,用油绳润滑的部位应备有油绳,有贮油池的部分应将润滑油加到油标线高度
9	电气设备的检查	起动、停止等动作应可靠

3. 负荷试验

车床经过空运转试验后,将转速调至中速继续运转,待其达到热平衡状态后,即可进行负荷试验。

全负荷强度试验的目的,是考核车床主传动系统能否输出设计所允许的最大扭转力矩和功率。

车床负荷试验内容见表 6-4。

表 6-4 车床负荷试验内容

	材料	45 钢	尺寸	ϕ194mm×750mm
	刀具	45°标准外圆车刀,材料 YT5		
车床全负荷强度试验	切削规范	主轴转速 $n/(\text{r/min})$		≈46
		背吃刀量 a_p/mm		5.5
		进给量 $f/(\text{mm/r})$		1.01
		切削速度 $v_c/(\text{m/min})$		27.2
		切削长度 l_m/mm		95
		机动时间 t_m/min		2
	损耗功率/kW	空转功率 P_o		0.025~0.72
		切削功率 P_m		5.3
		电动机功率 P_E		7

(续)

车床全负荷强度试验	注意事项	1）机床在重切削时，各机构应正常工作，电气设备、润滑冷却系统及其他部分不应有不正常现象，动作应平稳，不准有振动及噪声 2）主轴转速不得比空回转时降低5%以上 3）各部手柄不得有颤动及自动换位现象		
	装夹方式	用顶尖顶住		
车床超负荷强度试验		材料	45钢	尺寸	ϕ205mm×750mm
		刀具	45°标准外圆车刀，材料YT5		
	切削规范	主轴转速 n/(r/min)		≈46
		背吃刀量 a_p/mm		6.5
		进给量 f/(mm/r)		1.01
		切削速度 v_c/(m/min)		29
		切削长度 l_m/mm		95
		机动时间 t_m/mm		2
	损耗功率/kW	空转功率 P_0		0.625~0.72
		切削功率 P_m		6.6
		电动机功率 P_E		8.3
	注意事项	1）在机床超负荷试验时，摩擦离合器不得脱开 2）溜板箱的脱落蜗杆应调整至不自动脱落 3）交换齿轮架应固定可靠，交换齿轮啮合不应过紧 4）切削时不应有显著的振动及噪声，各部手柄也不应有显著的颤动和自动换位现象		
	装夹方式	用顶尖顶住		

注：1. 在车床全负荷强度试验切削前，应将摩擦离合器调紧2~3个切口，切削完毕后再松开至正常情况。
　　2. 车床超负荷切削试验只在真正有需要的时候进行，一般不做这项试验。

4. 精度试验

（1）工作精度试验　工作精度试验项目如下：

1）精车外圆试验。目的是检查在正常工作温度下，车床主轴轴线与溜板移动方向是否平行，主轴回转精度是否合格。

2）精车端面试验。目的是检查在正常工作温度下，车床刀架横向移动对主轴轴线的垂直度和横向导轨的直线度。

3）精车螺纹试验。目的是检查在正常工作温度下车削加工螺纹时，车床传动系统的准确性。

4）车槽（切断）试验。目的是检查车床主轴系统及刀架系统的抗振性能，检查主轴部件的装配质量、主轴回转精度、溜板刀架系统刮研配合的接触质量及配合间隙是否调整合适。

车床工作精度试验的内容见表6-5。

表 6-5 车床工作精度试验的内容

精车外圆试验	材料	45 钢	尺寸	($\phi50\sim\phi80$)mm×250mm
	刀具	1)高速工具钢车刀的几何形状:$\gamma_o=10°$,$\alpha_o=6°$,$\kappa_r=60°$,$\kappa'_r=60°$,$\lambda_s=0°$,$\gamma_\varepsilon=1.5$mm 2)45°标准外圆车刀,材料 YT15		
	切削规范	主轴转速 $n/(\text{r/min})$		130~230
		背吃刀量 a_p/mm		0.2~0.4
		进给量 $f/(\text{mm/r})$		0.08
		切削速度 $v_c/(\text{m/min})$		32.8~58
		切削长度 l_m/mm		150
		机动时间 t_m/mm		8.15
	损耗功率/kW	切削功率 P_m		0.077~0.123
		电动机功率 P_E		1.777~1.823
	精度检测	圆度 圆柱度		0.01mm 0.01mm/100mm
	表面粗糙度	$Ra2.5\sim1.25\mu m$,工件表面不应有目视直接能看到的振痕和波纹		
	装夹方式	卡盘		
精车端面试验	材料	铸铁 HT200	尺寸	$\phi250$mm
	刀具	45°标准右偏刀,材料 YG6		
	切削规范	主轴转速 $n/(\text{r/min})$		96~230
		背吃刀量 a_p/mm		0.2~0.3
		进给量 $f/(\text{mm/r})$		0.12
		切削速度 $v_c/(\text{m/min})$		75~178
		切削长度 l_m/mm		125
	损耗功率/kW	切削功率 P_m		0.485
		电动机功率 P_E		2.185
	精度检测	端面平面度		0.02mm(只许凹)
	装夹方式	卡盘		
精车螺纹试验	材料	45 钢	尺寸	$\phi40$mm×500mm
	刀具	高速工具钢60°标准螺纹车刀		
	切削规范	主轴转速 $n/(\text{r/min})$		≈19
		背吃刀量 a_p/mm		0.02(最后精车)
		进给量 $f/(\text{mm/r})$		6
	表面粗糙度	$Ra2.5\sim1.25\mu m$,无振动波纹		
	精度检测	在100mm 测量长度上公差为 0.05mm		
		在300mm 测量长度上公差为 0.075mm		
	装夹方式	顶尖		

(续)

	材料	45钢	尺寸	$\phi 80mm \times 150mm$
切断试验	刀具	标准切断刀（宽度为5mm）		
	切削规范	主轴转速 $n/(r/min)$		200~280
		进给量 f/mm		0.1~0.2
		切削速度 $v_c/(m/min)$		50~70
		切削长度 l_m/mm		120
	表面粗糙度	切断底面不应有振动波纹及振痕		
	装夹方式	用卡盘装夹或插入主轴锥孔中		

注：精车外圆、端面及螺纹三项试验是大修后的车床必须进行的，可以综合性地检验车床的最后修理质量。切断试验只在必要时进行。

（2）几何精度试验　车床工作精度试验完成后，车床尚处于热平衡状态，此时应立即按标准车床几何精度检验项目要求逐项进行检验，合格后交付车间使用。

6.4　数控车床常见报警信息的诊断与排除

6.4.1　SINUMERIC 840C 系统常见报警及处理

系统将报警分为 NC 报警、PLC 报警和 MMC 报警三大类。这些报警在显示时又分成 Alarm 和 Message。Alarm 报警一般是比较严重的报警，需要进一步处理，排除后系统才能正常工作；Message 报警则只是提示操作者机床加工中的一些信息，一般不需要做进一步的处理。在软键中有一菜单项用于切换 Alarm 和 Message。

对于各种具体的故障，有固定的报警号和文字显示给予提示，系统会根据故障情况决定是否撤销 NC 准备好信号，或者封锁循环起动。对于加工中出现的故障，必要时系统会自动停止加工，等待处理。报警设置得齐全、严密，大部分报警的含义单一、明确，处理方法显而易见。有时机床厂家的 PLC 报警文本可能不太完善或不明确，这就要求维修人员根据机床电路图和 PLC 程序进行分析。

1. P/S 程序报警 （000~222）

P/S 程序报警是在程序的编辑、输入、存储、执行过程中出现的报警，这些报警大多数是因为输入了错误的地址、数据格式或采用了不正确的操作方法等而造成的，根据具体报警代码，纠正操作方法或修改加工程序就可恢复。

2. APC（绝对脉冲编码器）报警 （$3n0$~$3n9$）

检测绝对脉冲编码器的通信参数故障。由于采用电池保存编码器的数据，若采用了不正确的电池更换步骤或因其他原因造成数据丢失，都会造成报警。

3. 超程报警 （$5n0$~$5nm$）

通过一定的方法将机床的超程轴移出超程区即可。

4. PMC 报警 （600~606）

PMC 在编辑、调试过程中出现的报警信息，在机床使用过程中，一般用户是不会遇到此类故障的。

5. 过热报警（700~704）

系统主板的热敏电阻检测到系统温升异常，发出此类报警。

6. 系统错误（900~998）

系统自检到CPU、RAM、ROM等硬件出现故障时发出此类故障报警。

7. 后台编辑报警

在数控系统自动执行零件程序的同时，进行零件程序编辑时出现错误。

8. 宏程序报警

在使用、编辑宏程序过程中出现的报警。

9. PMC程序运行报警（1000~）

机床厂家在出厂时，对机床外部动作可能处于的不正确工作状态进行检测，并编制成报警表。维修这类故障时请参考机床厂家的说明书和梯形图。

6.4.2 FANUC-0 *i* 系统常见报警及处理

1. P/S00# 报警

（1）故障原因 设定了重要参数，如伺服参数，系统进入保护状态，需要重新启动系统，装载新参数。

（2）处理办法 在确认修改内容后，切断电源，重新起动即可。

2. PS/100# 报警

（1）故障原因 修改系统参数时，将写保护设置为PWE=1后，系统发出该报警。

（2）处理方法

1）发出该报警后，可照常调用参数页面修改参数。

2）修改参数并确认后，将写保护设置为PWE=0。

3）按"RESET"键将报警复位，如果修改了重要的参数，则需重新启动系统。

3. P/S101# 报警

（1）故障原因 存储器内程序存储错误，在程序编辑过程中，对存储器进行存储操作时电源断开，系统无法调用存储内容。

（2）处理方法

1）在MDI方式下，将写保护设置为PWE=1。

2）系统断电，按着"DELETE"键，给系统通电。

3）将写保护设置为PWE=0，按"RESET"键消除101#报警。

4. P/S85~87 串行接口故障

（1）故障原因 对机床进行参数、程序输入时，往往需要用到串行通信，利用RS232接口将计算机或其他存储设备与机床连接起来。当参数设定不正确、电缆或硬件故障时会出现报警。

（2）处理方法

1）85#报警。从外部设备读入数据时，串行通信参数出现了溢出错误，输入数据不符或传送速度不匹配。此时，应检查与串行通信相关的参数，如果检查参数没有错误，但仍出现该报警，则检查I/O设备是否损坏。

2）86#报警。进行数据输入时，I/O设备的动作准备信号（DR）关断。此时需检查：

①串行通信电缆两端的接口（包括系统接口）；②系统和外部设备的串行通信参数；③外部设备；④I/O接口模块（可更换模块进行检查或去专业公司检查）。

3）87#报警。说明有通信动作，但通信时数控系统与外部设备的数据流控制信号不正确。此时应检查：①系统程序保护开关的状态，在进行通信时，开关应处于打开状态；②I/O设备和外部通信设备。

5. 90#报警（回零动作异常）

（1）故障原因　返回参考点过程中，开始点距参考点过近，或是速度过慢。

（2）处理方法

1）正确执行回零动作，手动将机床向回零的反方向移动一定距离，这个位置要求在减速区以外，然后再执行回零动作。

2）如果完成以上操作后仍有报警，则检查回零减速信号、回零挡块、回零开关及相关信号电路是否正常。

3）机床的回零参数已由机床厂设置完成，可检查回零时位置偏差（DOG800~803）是否大于128，若大于128，则按序号4）进行操作；如果小于128，可根据参数清单检查参数：PRM518~521#（快移速度）、PRM559~562#（手动快移速度）是否有变化。做适当调整，使回零时的位置偏差大于或等于128。

4）如果位置偏差大于128，则检查脉冲编码器的电压是否大于4.75V，如果电压过低，则更换电源；若电压正常时仍有报警，则需检查脉冲编码器和轴卡。

6. 3n0报警（n轴需要执行回零）

（1）故障原因：绝对脉冲编码器的位置数据由电池保持，不正确地更换电池（在断电的情况下更换电池）、更换编码器、拆卸编码器的电缆。

（2）处理方法　该报警的恢复就是使系统记忆机床的位置，有以下两种方法：

1）如果有返回参考点功能，可以手动对报警的轴执行回零动作，如果在手动回零时还有其他报警，则改变参数PRM21#（该参数指明各轴是否使用了绝对脉冲编码器）消除报警，并执行回零操作，回零完成后按"RESET"键消除该报警

2）如果没有回零功能，则用MTB完成回零设置，方法如下：

① 在手动方式下，将机床移到回零位置附近（机械位置）。

② 选择回零方式

③ 选择回零轴，按下移动方向键"+"或"-"移动该轴，在机床移到下一个栅格时停下来。该位置即被设为回零点。

7. 3n1~3n6报警（绝对编码器故障）

（1）故障原因　编码器与伺服模块之间通信错误，数据不能正常传送。

（2）处理方法　该报警涉及三个环节，即编码器、电缆、伺服模块。先检测电缆接口，再轻轻晃动电缆，注意看是否有报警，如果有，则修理或更换电缆。在排除电缆原因后，可采用置换法，对编码器和伺服模块进行进一步确认。

8. 3n7~3n8报警（绝对脉冲编码器电池电压低）

（1）故障原因　绝对脉冲编码器的位置由电池保存，电池电压低时有可能丢失数据，所以系统检测电池电压，提醒到期更换。

（2）处理方法　选择符合系统要求的电池进行更换。必须保证在机床通电的情况下，

执行更换电池的工作。

9. SV400#、SV402#报警（过载报警）

（1）故障原因　400#报警为第一、第二轴中有过载；402#报警为第三、第四轴中有过载。当伺服电动机的过热开关和伺服放大器的过热开关动作时，发出此报警。发生报警时，要首先确认是伺服放大器还是伺服电动机过热，因为该信号是常闭信号，当电缆断线和插头接触不良时也会发生报警，所以需要确认电缆、插头是否正常。

（2）处理方法　如果确认是伺服/变压器/放电单元的问题，伺服电动机有过热报警，则检查以下内容：

1）由过热引起（测量IS、IR侧负载电流，确认其超过额定电流）。检查是否为由机械负载过大、加减速频率过高、切削条件不当引起的过载。

2）由连接引起。检查过热信号的连接，如图6-17所示。

3）有关硬件故障。检查各过热开关是否正常、各信号的接口是否正常。

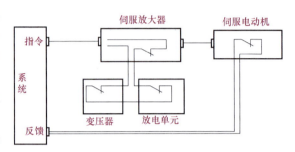

图6-17　过热信号的连接

10. SV401#、SV403#报警（伺服准备完成信号断开报警）

（1）故障原因　401#提示第一、第二轴报警；403#提示第三、第四轴报警。如图6-18所示，当轴控制电路的条件满足后，轴控制电路就向伺服放大器发出PRDY信号。如果放大器工作正常，则其接收到PRDY信号后，MCC就会吸合，随后向控制电路发回VRDY信号。如果MCC不能正常吸合，就不能发回VRDY信号，系统就会发出报警。

（2）处理方法　发生报警时，应首先确认急停按钮是否处于释放状态，然后按以下步骤进行检查：

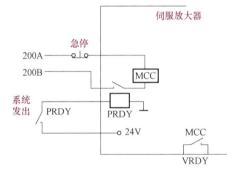

图6-18　第四轴报警系统检查原理图

1）当伺服放大器无吸合动作时，检查伺服放大器侧或电源模块的急停按钮，故障原因可能是急停电路故障、伺服放大器的电缆连接问题、伺服放大器或轴控制电路故障。此时，可采用置换法对怀疑部件进行置换分析。

2）如果伺服放大器有吸合动作，但伺服放大器本身有报警，这时考虑伺服参数设定不正确，对照参数清单进行检查。

11. SV4n0#报警（停止时位置偏差过大）

（1）故障原因　当NC指令停止时，伺服偏差计数器（DGN800～803）的偏差超过了参数PRM593～596所设定的数值，则发生报警。

（2）处理方法　发生故障时，通过诊断号（DGN800～803）来观察偏差情况。一般在无位置指令的情况下，该偏差计数器的偏差应很小（±2）；如果偏差较大，则说明有位置指令，无反馈置信号。此时，应按以下步骤进行检查：

1）检查伺服放大器和电动机的动力线是否有断线情况。

2）若伺服放大器的控制不良，则更换电路板进行试验。

3）轴控制板不良。

4）参数不正确。按参数清单检查 PRM593～596#、PRM517#。

12. SV4n1 报警（运动中误差过大）

（1）故障原因　当 NC 发出控制指令时，伺服偏差计数器（DGN800～803）的偏差超过了参数 PRM504～507 所设定的值而发出报警。

（2）处理方法　发生故障时，可以通过诊断号（DGN800～803）来观察偏差情况。一般在给定指令的情况下，偏差计数器的数值取决于速度给定、位置环增益、检测单位。处理方法如下：

1）观察在发生报警时，机械侧是否发生了位置移动。当系统发出位置指令时，机械哪怕有很小的变化，也可能是由机械的负载引起的；当没有发生移动时，检查放大器。

2）若发生报警前有位置变化，则可能是由机械负载过大或参数设定不正常引起的，应检查机械负载和相关参数（位置偏差极限、伺服环增益、加减速时间常数 PRM504～507 及 518～521）。

3）若发生报警前机械位置没有发生任何变化，则检查伺服放大器电路、轴卡，通过 PMC 检查伺服是否断开。

4）检查伺服放大器和电动机之间的动力线是否断开。

13. SV4n4# 报警（数字伺服报警）

（1）故障原因　它是与伺服放大器和伺服电动机有关的各种报警的总和，这些报警可能是由伺服放大器及伺服电动机本身引起的，也可能是由系统参数设定不正确引起的。

（2）处理方法　发生此报警时，首先根据系统的诊断数据来确定是哪一类报警，对应的位为 1，则说明发生了该报警：

| DGN720～723 | OVL | LV | OVC | HCAL | HVAL | DCAL | FBAL | OFAL |

其中，OVL 为伺服过载报警；LV 为低电压报警；OVC 为过电流报警；HC 为高电流报警；HV 为高电压报警；DC 为放电报警。

14. SV4n6 报警（反馈断线报警）

（1）故障原因　不管是使用 A/B 向的通用反馈信号，还是使用串行编码信号，当反馈信号发生断线时，都发出此报警。

（2）处理方法　α 系列伺服电动机若采用半闭环控制，则使用的是串行编码器，如果电缆断开或编码器损坏引起数据中断，则发生报警。对于普通脉冲编码器，该信号用硬件检查电路直接检查反馈信号，当反馈信号异常时，则发出报警。

当使用全闭环反馈时，利用分离型编码器的反馈信号和伺服电动机的反馈信号进行软件判别检查，如果存在较大偏差，则发出软件断线报警。

15. ALM910/911 报警（RAM 奇偶校验报警）

故障原因及处理方法如下：

（1）印制电路板存储卡接触不良　发生该类报警时，首先关断系统电源，进行系统全清操作。方法是同时按住 "RESET" 键和 "DELET" 键，再打开电源，此时系统将清除存储板上 RAM 中的所有数据。如果进行以上操作后，仍然不能清除存储器报警，则可能是因为系统的 RAM 接触不良，应更换新的存储卡或进行维修。

（2）由外界干扰引起的数据报警　当执行系统 RAM 全清后，如果系统能进入正常状态（不再发生该报警），则该报警可能是由外界干扰引起的。在这种情况下，要检查系统的整体地线和走线等，采取有效的抗干扰措施。

（3）存储器电池电压偏低　检查存储卡上的检查端子，检查电池电压，该电压正常为 4.5V，当其低于 3.6V 时，可能会造成系统 RAM 存储报警。

（4）电源单元异常　电源异常也有可能引起该类报警，此时进行系统全清后，报警会清除。

16. 手动及自动均不能运行

当位置显示（相对、绝对、机械坐标）全都不动时，检查 CNC 的状态显示，检查急停信号、复位信号、操作方式状态、到位检测、互锁状态信号。

项目 7

技术报告与作业指导

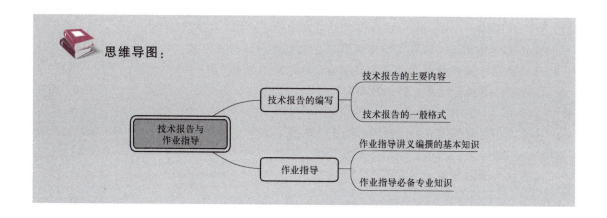

思维导图：

7.1 技术报告的编写

7.1.1 技术报告的主要内容

1. 立项依据、目的和意义

技术报告应反映出所研究领域的现状、研究对象、要解决的问题、所采用的先进技术、工作内容、研究结果、实际意义、得到的资助等。例如一项科技发明，应说明这项科技发明的目的是什么，通过它解决了哪些技术难关、获得了怎样的经济效益，得到了哪些资助，以及研究结果对推动本行业进步的意义。

2. 国内外同类研究现状及比较

说明国内外同类研究的进展情况，本项目研究结果与国内外同类研究结果的比较。

3. 创新点

逐条写明研究中所取得的创新点（成果）。创新点是指在国内外首先提出的新观点、发现的新规律、创建（开展）的新技术等，要与一般研究结果区别开（具备创新性、先进性和实用性的结果）。

4. 新技术的推广应用情况及应用前景

1）该研究结果的实际应用情况，包括本单位和推广单位的实际应用情况及应用效果。

2）发表论文情况。在国外、国内期刊发表的论文数以及被引用和收录情况。

3）参加学术交流情况。参加国内、国外学术会议交流次数，是否得到大会发言及资格权威专家的肯定性评价。

5. 本研究存在问题和对今后的设想

7.1.2 技术报告的一般格式

1）专业技术总结报告一律采用 A4 纸打印，页边距为上（3cm）、下（3cm）、左（2.5cm）、右（2.5cm）。

2）专业技术总结报告的各个组成部分按下述顺序排列：①封面；②目录；③正文。

3）专业技术总结报告各部分的具体格式要求如下：

① "目录"（黑体，四号，居中）两字；目录中的内容，字体为仿宋体，字号为四号；正文题目（黑体，三号，居中）与作者姓名（宋体，小四）之间空一行。

② 正文（仿宋体，四号）与作者姓名之间空一行。正文字数：技师专业技术总结报告不少于1500字，高级技师专业技术总结报告和论文不少于2500字。

③ 正文中各级标题从大到小的顺序，一级标题为"一"，二级标题为"（一）"，三级标题为"1"。

④ 正文中的有关图表字体、字号与正文一致，表格编号用"表 1-1"并放在表格上面（居中），图编号用"图 1-1"并放在图下面（居中）。

⑤ 正文每页右下角必须有页码。

7.2 作业指导

7.2.1 作业指导讲义编撰的基本知识

1. 作业指导讲义的基本要求

（1）系统性　作业指导讲义是工种工艺系统知识的一部分，适用于职业技术鉴定的作业指导讲义，其内容必须在职业鉴定知识范围之内，符合本工种职业鉴定标准规定的要求。在针对不同等级的鉴定对象进行培训前，讲义的难度应符合各个等级的具体要求，应尽可能避免超过和低于鉴定等级的知识点，以免打乱职业技术等级鉴定的系统性。例如，对中级工进行培训时，作业指导的内容应选用中级工考核的知识点和工种工艺及其实例。在必要的时候，可以向两端适当延伸，以便采用工种工艺系统知识循序渐进的讲授方法。向低一等级延伸，便于导入作业专题的内容；向高一等级延伸，有利于学员拓展思路，进行系统思考，全面掌握讲义中某些系统性较强的知识技能点。

（2）科学性　工种作业指导讲义通常是由某一个作业专题构成的。讲义的内容应该是科学的，内容必须是正确的、具有先进性特点的、符合国家现行标准的文本和图样。讲义的标题设置、表达方式、正文内容都应具有逻辑性、连贯性和可读性。

（3）理论联系实际　工艺理论与一般专业理论的主要区别是具有较强的实践性。事实上，工种工艺理论是经验的积累和提炼，源于技能而又高于技能，是技能与相关理论密切结合演绎而成的结果。因此，专业工种作业指导的讲义应充分体现理论联系实际的特点，讲义的内容结构应由实践提升到理论，由理论溯源至实践。

（4）便于学员自学和复习　讲义的功能之一是为学员提供可以阅读、自学和复习的书面或电子教学资料。学员的视角与教员的视角是不同的，因此，在编写讲义的时候不能只顾教员一方的功能，而应首先从学员的使用角度考虑，使讲义内容编排和叙述方法便于学员自学和复习，便于在讲授过程中起到指导者和被指导者互动的纽带作用。

（5）便于教员讲授和考试　讲义的目录应能引导教员的讲授思路，便于教员书写板书和讲授重点。文本和图样应便于分析和讲述，实例应简明、恰当，避免讲述中有过多的知识延伸。讲义中的知识技能点应比较突出和明显，以利于考试范围的确定和试卷组合。复习题和作业题应与讲义中的例题相关，具有知识内在联系和形式的仿效性，便于教学和进行课外作业的布置与提示。

（6）图文并茂、条理清楚　讲义应配置一定数量的图样，作业指导讲义应该在文中插入简洁明了的图样，以使讲义图文并茂，具有更通俗的可读性。插入的图样应与文中内容密切相关，应删除不需要的部分和烦琐的标注，突出主要内容。讲义内容的结构应条理清楚，以利于突出重点、分析难点。

2. 作业指导讲义的基本组成及作用

（1）相关知识复习　相关知识的复习是讲义的前导部分，通常在讲授一个作业专题内容前，可以重点复习以前学习过的有关知识。譬如，在讲解齿轮箱装配作业专题前，可以适当复习齿轮精度的测量、轴类工件的装配、轴承的装配等知识，以便在讲授齿轮箱装配时，减少对以往知识技能的插入式讲授。

（2）知识技能系统提示　知识技能系统提示是讲义作业专题纳入专业工艺系统知识的重要部分。譬如，在讲授齿轮箱的装配时，应注意阐述部件装配与整机装配的关系，齿轮箱装配与轴承装配、齿轮精度检测的关系，装配过程如何符合装配工艺规程等。以便使学员了解齿轮箱装配不是孤立的专题，而是部件或组件装配的典型实例。

（3）作业专题导入　通常学员对作业专题的内容是不熟悉的，为了提高学员的学习兴趣，便于引导学员跟随教员讲授、示范的进程，可以通过实例介绍、知识技能延伸、图样的演示分析，引导学员进入作业专题的讲解过程。

（4）作业专题正文内容

1）主要内容。讲义的主要内容应包含所有知识技能点，正文内容应按提纲循序渐进、有详有略。

2）重要概念。正文中的重要概念是讲授的重点，如大型零件的测量作业专题中，关于测量数据的处理属于重要的概念性内容，在正文中应比较详细地叙述。

3）分析方法。属于中、高级的讲义应包括分析方法的内容，以便学员举一反三、触类旁通。

4）容易混淆的知识难点。在讲义中出现容易混淆的知识点时，应在正文的某一部分进行辨析阐述，以使学员的思路清晰、概念准确。譬如，齿轮的分度圆和节圆分别是齿轮零件的参数和齿轮传动的参数，应注意引导学员进行辨别。

5）例题分析。在使用计算公式或某些估算方法时，一般应设置直接应用该计算公式或估算方法的例题，以便讲解其应用方法，加深学员的理解。

（5）作业专题归纳总结　一份完整的作业指导讲义，在主题内容基本讲完后，可以用很小的篇幅进行归纳总结，对作业专题的主要内容、重点、难点进行简要的回顾和归纳，以便学员对本次作业指导有一个回顾和总体印象。

（6）作业和提示　讲义一般附有复习题或实训题，便于学员在课后复习和巩固理解学习的知识，巩固技能实训效果。布置作业时，可根据学员在课堂或实训过程中的理解、掌程度挑选重点。对一些较复杂的习题和实训作业，应进行难点提示。

3. 作业指导讲义的编撰要点

（1）搜集资料　在编写讲义前，应围绕作业专题的重点内容搜集资料。搜集资料时应掌握以下要点：

1）搜集通俗易懂的资料。在各种技术书籍和教材中，与讲义相关的内容是很多的，应该搜集那些通俗易懂的资料作为讲义的内容，避免讲义中出现过多的理论和计算。

2）搜集相应程度的资料。各种讲义的作业专题内容属于某一等级的，应注意选择相应等级的资料，避免超过鉴定等级标准的知识技能要求。

3）搜集采用现行标准的资料。技术讲义通常应注意采用现行标准，以免落后陈旧，使讲义符合当前行业的特点和技术要求。

4）搜集适合学员的资料。对于不同的作业指导对象，应注意搜集与其程度相适应的资料来编写讲义，达到因材施教的要求。

（2）编写提纲　资料汇总后，应按讲义的内在逻辑编写讲义提纲。通常提纲应有几个层次，以便在编写讲义内容时循序渐进地进行正文编撰。

（3）确定讲授知识点和作业指导重点　讲义中的知识点不能疏漏，在正文编撰过程中，应确定知识点的位置和叙述方法，作业指导重点内容应详细列出步骤和要点。讲义编撰后，可通过几次修改，使内容充实、知识和技能达到鉴定标准要求。

（4）确定重点和难点　在讲义正文中，不可避免地会出现知识、作业的难点和重点，编撰时可以采用多种形式予以提示和注解，提醒学员进行重点学习。

（5）实例描述　作业指导讲义是一种源于技能又高于技能的教学资料，正文中会选用一定数量的实例对一些理论知识进行分析和佐证，实例的描述应简洁明了，便于对理论进行有效的佐证。

（6）图样选用　讲义的某些内容仅用文字是较难表达的，比如标准齿轮渐开线的特点，需要采用图文结合的方式进行介绍。选用的图样应删除不必要的内容，使图样重点突出，能简明扼要地表达与正文衔接的内容。

4. 作业指导讲义的使用和修订

（1）讲义的使用

1）讲义与培训教材的衔接。使用讲义应与根据鉴定标准编写的技术教材衔接，讲解的内容应与有关教材基本相同，不宜增加和减少内容，但可以适当增加一些实例，以使讲义具有较强的实践性。

2）讲义与作业指导的衔接。通常使用讲义后，需要对学员进行一定的实训予以配合，因此，讲义使用时应注意与实训作业指导衔接，以免脱节，造成学员学习困难。

3）讲义内容的选用。讲义的内容一般比较充实，篇幅略大于作业指导的内容。因此，在有限的作业指导时间内，可以对讲义进行选用，挑选比较重要的内容进行讲解、示范，一些次要的部分可以留给学员自己学习。

4）讲义使用信息的收集和处理。讲义在使用过程中，会发现很多疏漏之处，还有许多学员会提出各种知识技能问题，从各个侧面反映出讲义的不足之处，收集和汇总这些信息，对于进一步修订讲义具有十分重要的实际意义。为了能尽可能早地对不妥之处进行更正，应主动搜集对讲义的意见进行分析处理。处理的方式通常有删除不必要的内容、更正不完全或不正确的部分和内容、改善和提高需要优化的内容等。

（2）讲义的修订　讲义的修订应首先列出应该修订的内容，其次是对讲义内容进行处理，若是进行删除处理，应注意内容的衔接，避免出现短缺而使讲义不连贯，如删除插图需更改相关的图号，否则图号会不连贯。若进行更正，应注意同类内容的相应更正，避免出现一些部分更正、另一些部分未更正的自相矛盾的情况。对于补充和提高的内容，要注意控制内容的水准，避免超出鉴定标准的等级范围。修订后的讲义应注意校对，避免错、漏，保持条理性和完整性。

7.2.2　作业指导必备专业知识

1. 作业指导的目的和作用

（1）作业指导的目的　车工是一个比较复杂的金属切削加工工种，车工加工的内容较多，加工计算和作业方法也比较复杂，特别是一些典型工件的加工，依靠个人的自学来达到全面掌握知识技能的目的是很困难的。因此，通常需要通过作业指导，进行技术传授，使被指导者把学到的专业理论知识运用到车工加工作业过程中，以全面掌握规定范围的知识和技能，能按图样技术要求完成相应等级典型零件的加工，符合车工职业鉴定标准的各项要求。

（2）作业指导的作用和要求

1）通过现场指导，复习专业理论知识和相关知识。

2）通过专题指导，掌握典型零件的车工加工工艺过程。

3）通过车工加工操作技能的传授，熟练掌握规定加工内容的具体操作步骤和方法。

4）通过现场的具体辅导，掌握车工加工规定内容的要点和难点，掌握典型部件的加工工艺和作业过程。

5）通过各作业环节的提示和讲解，达到规范的操作动作要求。

6）通过对加工件与装配产品的质量检验和分析，传授对规定内容的检测方法和质量分析方法。能找到产生质量问题的原因，并能提出改进的方法和措施。

2. 作业指导的基本方法

（1）讲授　讲授是指导操作中的基本方法，被指导者通过指导者的讲授，了解指导的内容、要求、要点及注意事项等。讲授前，指导者应熟悉与指导内容相关的知识，并对图样进行分析，对操作过程进行归纳，提炼成清晰的步骤，以便进行讲解和传授。讲授时，应口齿清楚、表达明确、用语准确、条理清晰，同时要注意重点内容详细讲、次要内容简略讲、一般操作概括讲、关键步骤反复讲等，以突出讲授重点。讲授结束时，应对讲授重点做出归纳、强调，以使被指导者引起足够的重视。

（2）演示（示范）　演示是作业指导中十分重要的方法，车工作业方法既含有大量的专业知识和基本技能，又包含丰富的经验和技巧。指导时，一般要边讲解操作方法，边演示操作动作，使被指导者直观地看到规定内容的具体操作方法和动作要领。演示前，指导者应预习规定内容中的演示过程，并设定整个加工过程中应演示的关键步骤和方法。在指导初级工时，要有一个反复演示重要动作和操作过程的环节，以加深演示的印象效果。在指导中级工时，可采用示范提示和引导的方法，使被指导者在动手前有一个完整的操作思路，明确必须注意的问题，避免事故的发生。

（3）辅导（指导）　演示结束后，被指导者对相关知识、工艺要点、操作步骤、关键环节、注意事项等有了初步了解，形成了一定程度的印象和记忆，但在动手操作时，还是会出现各种差错，这就需要指导者及时进行辅导，及时指出其图样分析、计算准备工作中的错误，及时指出和纠正其操作中的错误，使被指导者完成整个加工过程。辅导操作应掌握以下要点：

1）集中精力，注意观察被指导者的动作是否规范，以便及时指正，避免事故发生。

2）掌握关键环节的辅导，不要代替被指导者进行作业，但可以示范部分关键动作的操作。

3）注意操作提示的及时性和准确性，辅导时应做到一般操作不吹毛求疵，重点操作严格要求，使辅导突出重点、解决难点，引导被指导者纠正主要技能缺陷。

4）引导被指导者思考作业不规范的后果；对于质量缺陷，应结合作业和现场分析，辅导被指导者寻找原因，并提示改善措施。

3. 作业指导的准备工作

作业指导实质上是一种教学过程，与技工实习教学有很多相似之处。作业指导准备工作的基本依据是车工加工和装配的操作规范、车工通用工艺规范，以及专题内容的工艺和基本操作方法。为了达到作业指导的预期目标，通常指导的双方都应做好作业指导的准备。对于一般的作业指导内容，准备工作包括以下两个方面。

（1）指导者准备工作要点

1）讲授内容准备。根据规定内容列出讲授提纲、计算公式和计算例题、实例图样、关键内容的提问问题与答案，并收集相关资料等。

2）演示设备和器具准备。

① 选定机床等，进行精度检验和完好性检查，并进行必要的调整和测量。

② 按规定内容准备作业指导预制件和作业预制件，并进行检验。

③ 选择适用的演示用夹具、量具、刀具、辅具和工具等。

④ 机床加工作业安装，找正夹具、工件、刀具等。

⑤ 预习演示过程。

3）辅导准备。辅导前，需要了解被指导者的知识技能水平，重点掌握现有技能情况。辅导时，应先摸清被指导者提问和发现错误的原因，然后再进行有针对性的辅导。

（2）被指导者的准备要求

1）复习有关的工艺知识和专业基础知识。

2）回顾相关的基本操作技能和动作规范。

3）熟悉所用工具、量具、辅具的性能和使用方法、安全知识。

4）明确作业指导的内容和目标、技术精度和规范操作要求等。

5）善于思考，注意知识应用与技能培训之间的关系，预先分析自身作业能力的缺陷和指导需求的重点。

4. 作业指导的效果评价和分析方法

（1）作业指导效果的评价依据和测定方法

1）测定内容和方法。

① 作业过程能力的测定。作业过程能力测定是指对被指导者作业过程中关键环节的掌握程度进行测定。操作过程能力测定应预先制定一个衡量标准，衡量标准可以确定几个关键

操作环节或动作，即将这些环节或动作作为衡量标准的要素或标志，若达到这些要素或标志，应视为合格或给出更高的评价。其中要素具有梯度要求的，可将能力分为几个等级。如螺纹加工，一次达到精度要求的，可评为优；两次达到精度要求的，可评为良……多次仍达不到要求的，则评为不合格。

② 计算等相关能力测定。车工的加工计算比较多，在独立操作中，被指导者的计算速度和结果的准确性，比较集中地反映了其知识运用的基本能力。例如，中滑板手柄的转格数计算、交换齿轮传动比和圆锥计算等，均可作为计算能力的测定依据。一些常用数据表的使用也可以作为计算能力测定的一部分依据。计算能力的评定等级常将计算速度（在规定时间内得出结果）和结果的准确性作为两项要素和标志。

③ 工件的加工质量测定。根据图样对被指导者加工的工件进行检验是加工质量测定的主要内容。记录测量得出的对应技术要求的各项实际数据，然后按预定的权重评定工件得分。评分表应有评分项目、评分标准、检验手段、允许使用工具和操作手段等限定条件细则，而且应在指导操作前让双方都了解这些要求。

2）综合测定。包括作业指导过程中的提问应答、独立完成操作的能力、实施重点和难点操作的能力，以及质量问题的原因分析和解决质量问题的能力等。指导者应对被指导者的作业过程做适当的记录，以便在作业指导完成后整理记录得出综合性评价。综合性评价最好反馈至被指导者，以利于被指导者的自身总结和提高。

（2）作业指导效果评价的分析

1）工件质量分析。除了与一般的工件加工和装配质量分析类似的内容和方法外，作业指导的质量分析还应有以下内容：

① 分析加工、装配精度超差与作业技能的对应原因。在一般的工件和装配质量分析中，一项技术精度要求超差有多种原因。如钻孔加工中的位置度超差，有对刀误差、计算差错、测量误差等多种原因。但对作业者掌握技能不完整所对应的具体原因要分析清楚，要明确在诸多原因中究竟是由什么原因引起的，这样才能分析出被指导者知识和技能的缺陷所在，以便对症下药地予以补充指导。

② 分析加工、装配精度超差与知识及其运用能力的对应原因。如装配轴承时，过盈量较大，用排除法发现是箱体轴承孔精度差造成的；检查测试记录，发现其对配合过盈量的理解有问题。因此，分析得出被指导者在相关知识的运用能力和掌握程度上还有缺陷，需要进行补缺指导。

③ 分析加工精度超差与指导缺陷的对应原因。若指导过程中重点不突出，讲授内容有缺漏，则可能使被指导者在作业过程中出现指导盲区，以至于加工、装配出现质量问题。此时，应仔细检查指导者的作业指导过程和内容，找出相关原因，予以纠正和补充。

2）作业指导效果的综合分析。

① 对指导者自身的分析。包括指导经验、因材施教能力、传授方法、准备工作完成程度等方面的分析。

② 对被指导者的分析。包括基础知识和技能的实际水平、本专题知识的掌握程度、对机床和车工作业步骤的熟悉程度、作业指导的准备程度等方面的分析。

③ 对指导环境等的分析。包括气候、噪声、场地布置、加工和装配预制件质量、其他用具的质量和完好程度等方面的分析。

附录

车工（技师、高级技师）理论知识模拟试卷样例

一、判断题（对的打"√"，错的打"×"；每题0.5分，共20分）

1. 组合夹具装好后，应仔细检查夹具的总装精度、尺寸精度和位置精度，合格后方可交付使用。（　　）

2. 车削畸形工件时，应尽可能在工件一次装夹中完成全部或大部分加工内容，以避免因互换基准而带来加工误差。（　　）

3. 研磨是以物理和化学作用去除工件表面层的一种加工方法。（　　）

4. 车床的主要热源是主轴箱，温升最高部位在主轴的后轴承处。（　　）

5. 主轴的两端中心孔与顶尖接触不良会影响工艺系统刚度，但不会造成加工误差。（　　）

6. 曲轴加工后，曲拐轴颈的轴线应与主轴颈轴线平行，并保持要求的偏心距。（　　）

7. 扩大卧式车床加工范围的方法：一是不改变车床的任何结构；二是对车床做局部改变；三是对车床结构进行较大的改进。（　　）

8. Mastercam除了可编制数控程序外，其本身也具有CAD功能，不可以直接在系统上制图并转换成数控加工程序。（　　）

9. 理想的加工程序不仅要保证加工出符合图样要求的合格工件，还应使数控机床的功能得到合理的应用和充分的发挥。（　　）

10. SolidCAM支持铣削、钻削、镗削和内螺纹加工，不支持车削加工。（　　）

11. 精密机床主轴毛坯选用锻件主要是为了节约材料和减少机械加工的劳动量。（　　）

12. 利用交换齿轮传动比车削平面螺纹，就是利用现有机床上的交换齿轮机构，装上经过计算后具有一定传动比的交换齿轮，由长丝杠将运动传至中滑板丝杠，即可车出所需螺距的平面螺纹。（　　）

13. 对于热处理硬度高，又不适合在磨床上磨削的工件，可在车床上进行磨削。（　　）

14. 在车床上使用车多边形工具车削出来的多边形工件，其表面实际上是不平直的，是具有一定曲率的凸形曲面。（　　）

15. 基准位移误差与工件在装夹过程中产生的误差构成了工件的定位误差。（　　）

16. 适当减小主偏角、副偏角能够达到在一定程度上控制残留面积高度的目的。（　　）

17. 机床、夹具、刀具和工件在加工时形成一个统一的整体，称为工艺系统。（　　）

18. 用定程法车削时，可使用试切法调整定程元件的位置，或确定手柄刻度值及指示表读数。（　　）

19. 数控机床的参考点是机床上的一个固定位置。（　　）

20. ISO 9000标准与全面质量管理应该相互兼用，不应该彼此代替。（　　）

21. 车削变齿厚蜗杆，不论是粗车或精车，都应根据其左、右侧导程分别进行车削。
（ ）

22. 在零件图样或工序图中，尺寸精度以尺寸公差的形式表示，几何形状和相对位置精度以框格或文字形式表示。加工时应满足所有的精度要求。（ ）

23. 多件套的螺纹配合，对于中径尺寸，外螺纹应控制在上极限尺寸范围内，内螺纹则应控制在下极限尺寸范围内，以使配合间隙尽量大些。（ ）

24. 伺服电动机或伺服放大器过热时发出 SV400#、SV402#报警（过载报警）。（ ）

25. M 指令也称辅助功能指令，由字母"M"及其后的两位数字组成，构成了 M00～M99 共 100 种代码。（ ）

26. 主轴的加工精度主要是指结构要素的尺寸精度，而不包括几何形状精度和位置精度。（ ）

27. 一般精度的主轴以精磨为最终工序。（ ）

28. 在机床主轴加工过程中，安排热处理工序，一是根据主轴的技术要求，通过热处理来保证其力学性能；二是按照主轴的要求，通过热处理来改善材料的切削加工性。（ ）

29. 粗车曲轴主轴颈外圆时，为增加装夹刚度，可使用单动卡盘夹住一端，另一端用回转顶尖支承，但必须在卡盘上加平衡块平衡。（ ）

30. 砂轮硬度是指黏合剂黏结磨粒的牢固程度，是衡量砂轮"自锐性"的重要依据，当工件材料软时，应选用软砂轮。（ ）

31. 卧式车床纵向导轨在垂直平面内的直线度误差，会导致床鞍沿床身移动时发生倾斜，引起车刀刀尖的偏移，使工件产生圆柱度误差。（ ）

32. 数控装置是数控机床的核心，它主要包括硬件及软件两大部分。（ ）

33. 在切削加工中，工件的热变形主要是由切削热引起的，有些大型精密工件的热变形还受环境温度的影响。（ ）

34. 车床经大修后，精车外圆试验的目的是检查在正常工作温度下，车床主轴轴线与滑板移动方向是否平行，以及主轴的回转精度是否合格。（ ）

35. 工艺系统的刚度越低，则误差的"复映"现象就越少。（ ）

36. 在车床上磨削所选用的砂轮特性要素与一般磨床磨削所使用的砂轮基本一致。
（ ）

37. 车削变螺距螺纹时，车床在完成主轴转一转，车刀移动一个螺距的同时，还按工件要求利用凸轮机构传给刀架一个附加的进给运动，使车刀在工件上形成所需的变螺距螺纹。
（ ）

38. 曲柄颈的车削或磨削加工，主要是解决如何把主轴颈轴线找正到与车床或磨床主轴回转轴线同轴的问题。（ ）

39. 85#报警指的是从外部设备读入数据时，串行通信数据出现溢出错误，输入数据不符或传送速度不匹配。（ ）

40. 车床的工作精度是指车床运动时在切削力作用下的精度，即车床在工作状态下的精度。车床的工作精度是通过其加工出来的试件精度来评定的。（ ）

二、选择题（将正确答案的序号填入括号内；每题 1 分，共 25 分）

1. 成形车刀按加工时的进刀方向可分为径向、轴向和切向三类，其中以（   ）成形车刀使用最为广泛。
　　A. 径向　　　　B. 轴向　　　　C. 切向　　　　D. 径向和轴向

2. 对于精度要求很高的机床主轴，在粗磨工序之后还需要进行（   ）处理，目的是消除淬火应力或加工应力，稳定金相组织，从而提高主轴尺寸的稳定性。
　　A. 回火　　　　B. 定性　　　　C. 调质　　　　D. 渗碳

3. 所谓扩大车床使用范围，包括两层含义：一是扩大机床技术规格所规定的加工和使用范围；二是改变机床的（   ）性能。
　　A. 功能　　　　B. 设计　　　　C. 结构　　　　D. 加工工艺

4. 在车削内、外圆时，刀具纵向移动过程中前后位置发生变化，影响工件素线的直线度，且影响较大。其原因是受（   ）误差超差的影响。
　　A. 滑板移动在水平面内的直线度
　　B. 主轴定心轴颈的径向圆跳动
　　C. 主轴锥孔中心线的径向圆跳动
　　D. 主轴轴肩支承面的轴向圆跳动

5. 精车后，曲轴的曲拐轴颈的轴线应与主轴颈轴线平行，并保持要求的偏心距，同时各曲拐轴颈之间还有一定的（   ）位置关系。
　　A. 垂直　　　　B. 角度　　　　C. 平行　　　　D. 交错

6. 一般加工中心具有在线检测监控、精度补偿和操作过程显示功能，因此，能更好地保证（   ）的精度要求。
　　A. 简单工件　　B. 复杂工件　　C. 大型工件

7. 数控系统主轴转速功能字的地址符是 S，又称为 S 功能或 S 指令，用于指定主轴转速，单位为（   ）。
　　A. m/min　　　B. mm/min　　　C. r/min　　　D. mm/r

8. 在花盘上装夹工件后产生偏重时，（   ）。
　　A. 只影响工件的加工精度
　　B. 不仅影响工件的加工精度，还会损坏车床的主轴和轴承
　　C. 不影响工件的加工精度
　　D. 只影响车床的主轴和轴承

9. 出现 SV400# 报警（过载报警）时，说明机床（   ）轴发生了过载。
　　A. 第二　　　　B. 第三　　　　C. 第四　　　　D. 第五

10. 在车床上研磨外圆时，若研套往复运动的速度适当，则工件上研出来的网纹与工件轴线的夹角为（   ）。
　　A. 40°　　　　B. 45°　　　　C. 50°　　　　D. 55°

11. 当螺纹车刀安装时的刀尖高于或低于工件轴线时，车削螺纹将产生（   ）误差。
　　A. 圆度　　　　B. 圆柱度　　　C. 廓形　　　　D. 螺距

12. 用综合检验方法检验一对离合器的贴合面积时，一般要求贴合面积不小于（   ）。

A. 90%　　　B. 80%　　　C. 70%　　　D. 60%

13. 数控系统中除了使用直线插补之外，还可以使用（　　）。
A. 圆弧插补　　B. 椭圆插补　　C. 球面插补　　D. 抛物线插补

14. FANUC-0i 系统出现 P/S00#报警，故障原因是（　　）。
A. 设定了重要参数　　　　B. 设置了写保护
C. 系统断电　　　　　　　D. 主轴过载

15. 超细晶粒合金刀具的使用场合不包括（　　）。
A. 高硬度、高强度难加工材料的加工
B. 难加工材料的断续切削
C. 普通材料的高速切削
D. 要求有较大前角，能进行薄层切削的精密刀具

16. 陶瓷刀具一般适合在高速下精细加工硬材料，如在切削速度等于（　　）m/min 的条件下车淬火钢。
A. 80　　　B. 120　　　C. 160　　　D. 200

17. 制动带调整后在制动轮上的松紧程度应适当，即停机后，由主轴旋转的惯性所造成的"自转"应控制在原转速的（　　）左右。
A. 1%　　　B. 5%　　　C. 10%　　　D. 15%

18. 在车床上加工椭圆，当刀具做旋转运动时，工件应（　　）转动，否则加工出来的轴、孔仍是圆柱形。
A. 高速　　　B. 中速　　　C. 低速　　　D. 停止

19. 由于采用（　　）的加工方法而产生的误差称为原理误差。
A. 定位　　　B. 近似　　　C. 一次装夹　　　D. 多次装夹

20. 由于存在（　　）误差，在车削端面时，会影响工件的平面度和垂直度。
A. 主轴轴线对溜移动的平行度
B. 小刀架移动对主轴轴线的平行度
C. 横刀架移动对主轴轴线的垂直度
D. 滑板移动在水平面内的直线度

21. 检查畸形工件（　　）的平行度误差时，用两心轴分别模拟被测轴线与基准轴线，用等高V形架支承基准心轴，用指示表、千分尺、测微仪等在被测心轴两端进行检测；然后旋转90°，测量另一方向的平行度误差。
A. 面对面　　　B. 线对面　　　C. 线对线　　　D. 面对线

22. 在车床上研磨圆锥表面时，研磨工具工作部分的长度应是工件研磨长度的（　　）倍左右，并且锥度必须符合图样要求。
A. 0.5　　　B. 1.5　　　C. 2.5　　　D. 3

23. 砂轮（　　）是指黏合剂黏结磨粒的牢固程度，是衡量砂轮"自锐性"的重要依据。
A. 磨料　　　B. 粒度　　　C. 硬度　　　D. 组织

24. 主轴的最终热处理工序一般安排在（　　）前进行。
A. 粗加工　　　B. 半精加工　　　C. 磨削加工　　　D. 超精加工

25. 工件在装夹过程中产生的误差称为装夹误差，装夹误差包括（　　）误差及定位误差。

A. 加工　　　　B. 夹紧　　　　C. 基准位移　　　　D. 基准不符

三、计算题（共 24 分）

1. 车削 CA6140 型车床主轴前端莫氏 6 号圆锥孔，工艺规定圆锥孔大端直径 $\phi 63.348$mm 车至 $\phi 62.6_0^{+0.1}$mm 后磨削，此时若用标准圆锥量规测量，则量规刻线中心与工件端面间的距离是多少？（提示：莫氏 6 号锥度 $C = 1 : 19.180 = 0.05214$）（5 分）

2. 现检验一台导轨长度为 1600mm 的卧式车床，用尺寸为 200mm×200mm、分度值为 0.02mm/1000mm 的框式水平仪分八段测量，用绝对读数法，水平仪读数为 +1.0、+2.0、+1.0、-1.0、-1.0、-0.5，试计算导轨在垂直平面内的直线度误差。（6 分）

3. 车削直径 $d = 50$mm、长度 $L = 1500$mm，材料线胀系数 $\alpha_1 = 11.59 \times 10^{-6}/℃$ 的细长轴时，测得工件伸长了 0.522mm，问工件的温度升高了多少摄氏度？（5 分）

4. 有一根 120°±20′ 等分六拐曲轴工件，主轴颈直径实际尺寸 $D = 99.98$mm，曲柄颈直径实际尺寸 $d = 89.99$mm，测得偏心距 $R = 96.05$mm，并测得在 V 形架上主轴颈顶点高 $A = 201.35$mm，求量块高度 h 应为多少？若用该量块组继续测得两曲拐轴颈高度差 $\Delta H = 0.4$mm，求两曲柄颈的夹角误差为多少？（8 分）

四、问答题（共 31 分）

1. 什么是多件套？多件套的车削与单一零件的车削有什么区别？（5 分）

2. 为什么说多片摩擦离合器的间隙要适当，不能过大或过小？若调整不当，会出现什么情况？（7 分）

3. 变齿厚蜗杆的特点是什么？车削变齿厚蜗杆的工艺方法是什么？（5 分）

4. 为什么要对轴类零件的中心孔进行研磨？如何研磨？（5 分）

5. 试述数控机床开机后主轴产生噪声的原因及其排除方法。（5 分）

6. 技术报告的主要内容有哪些？（4 分）

车工（技师、高级技师）
理论知识模拟试卷样例参考答案

一、判断题

1. √ 2. √ 3. √ 4. × 5. × 6. √ 7. × 8. ×
9. √ 10. × 11. × 12. × 13. √ 14. √ 15. × 16. √
17. √ 18. √ 19. √ 20. √ 21. √ 22. √ 23. × 24. √
25. √ 26. × 27. √ 28. √ 29. √ 30. × 31. × 32. √
33. √ 34. √ 35. × 36. √ 37. √ 38. × 39. √ 40. √

二、选择题

1. A 2. B 3. D 4. A 5. B 6. B 7. C 8. B 9. A 10. B 11. C 12. D
13. A 14. A 15. C 16. D 17. A 18. D 19. B 20. C 21. C 22. B 23. C 24. C
25. B

三、计算题

1. 解：已知 $C = 1:19.180 = 0.05214$，磨削余量为 $\Delta d_1 = 63.348\text{mm} - (62.6\text{mm} + 0.1\text{mm}) = 0.648\text{mm}$；$\Delta d_2 = 63.348\text{mm} - 62.6\text{mm} = 0.748\text{mm}$。根据计算公式

$$h_1 = \frac{\Delta d_1}{C} = \frac{0.648\text{mm}}{0.05214} = 12.43\text{mm}$$

$$h_2 = \frac{\Delta d_2}{C} = \frac{0.748\text{mm}}{0.05214} = 14.35\text{mm}$$

答：这时圆锥量规刻线中心与工件端面间的距离应是 12.43~14.35mm。

2. 解：已知水平仪分度值为 0.02mm/1000mm，在导轨上测量读数为 +1.0、+2.0、+1.0、0、-1.0、0、-1.0、-0.5。按水平仪读数画出曲线图（附图1），由曲线图可知，导

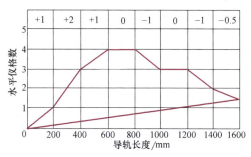

附图1　导轨在垂直平面内直线度误差曲线图

轨在全长范围内呈现出中间凸的状态，且凸起值位于导轨 600mm 长度处。根据下面的公式将水平仪测量的偏差格数换算成标准的直线度误差值

$$\delta = niL = 3.5 \times \frac{0.02\text{mm}}{1000\text{mm}} \times 200\text{mm} = 0.014\text{mm}$$

答：该车床导轨在垂直平面内的直线度误差为 0.014mm。

3. 解：已知 $L = 1500\text{mm}$，$\alpha_1 = 11.59 \times 10^{-6}/\text{℃}$，$\Delta L = 0.522\text{mm}$。根据公式

$$\Delta L = \alpha_1 L \Delta t$$

则 $\Delta t = \dfrac{\Delta L}{\alpha_1 L} = \dfrac{0.522\text{mm}}{11.59 \times 10^{-6}/\text{℃} \times 1500\text{mm}}$

$= 30\text{℃}$

答：工件的温度升高了 30℃。

4. 解：已知 $R = 96.05\text{mm}$，$D = 99.98\text{mm}$，$d = 89.99\text{mm}$，$A = 201.35\text{mm}$，$\Delta H = 0.4\text{mm}$，$\beta = 120° - 90° = 30°$。根据式（1-4）

$$h = A - \frac{1}{2}(D+d) - R\sin\beta = 201.35\text{mm} - \frac{1}{2}(99.98\text{mm} + 89.99\text{mm}) - 96.05\text{mm} \times \sin 30°$$

$= 58.34\text{mm}$

根据式（1-6）

$$\sin\beta_1 = \frac{R\sin\beta - \Delta H}{R} = \frac{96.05 \times \sin 30° - 0.4}{96.05} = 0.495836$$

则 $\beta_1 = 29°43'29''$

$\Delta\beta = \beta_1 - \beta = 29°43'29'' - 30° = -16'31'' < \pm 20'$

答：量块组高度 $h = 58.34\text{mm}$。曲柄颈的夹角误差 $\Delta\beta = -16'31''$，在 $\pm 20'$ 公差范围内。

四、问答题

1. 答：多件套是指由两个或两个以上车制工件相互配合所组成的组件。

与单一工件的车削加工比较，多件套的车削不仅要保证各个工件的加工质量，还需要满足各工件按规定组合装配后的技术要求。因此，在制订多件套特别是复杂多件套的加工工艺方案和进行组合工件加工时，应特别注意。

2. 答：若摩擦片之间的间隙太大，当主轴处于运转状态时，摩擦片没有完全被压紧，一旦受到切削力的影响或当切削力较大时，主轴就会停止正常运转，产生摩擦片打滑，造成"闷车"现象。

若摩擦片之间的间隙过小，当操纵手柄处于停机位置时，内外摩擦片之间就不能立即脱开，或者无法完全脱开。这时，摩擦离合器传递运动转矩的效能并没有随之消失，主轴仍然继续旋转，因此，出现了停机后主轴制动不灵的"自转"现象，这样就失去了保险作用，并且操纵费力。

3. 答：变齿厚蜗杆是普通蜗杆的一种变形，由于其左、右两侧的导程不相等，使蜗杆齿厚逐渐变小或变大，所以又称为双导程蜗杆。

在卧式车床上车削变齿厚蜗杆的工艺方法是以标准导程为准，利用交换齿轮传动比来增大或减小左、右两侧的导程，形成不同的齿厚。

4. 答：用中心孔定位加工轴类工件时，中心孔的圆锥角误差、表面粗糙度值大小、几何形状误差（如圆度误差）及位置误差（如两端中心孔轴线的同轴度误差），将直接影响被加工工件的精度，所以在半精加工（热处理后）、精加工轴类工件时，要对中心孔进行研磨，以确保中心孔的定位质量。

在车床上研磨中心孔的方法：用卡盘夹住圆形磨石，再用金刚钻切削成 60°圆锥角（圆锥角要准确，圆锥面要光洁），然后把工件装夹在研磨工具和回转顶尖（尾座顶尖）间。研磨压力可用尾座调节，压力不能太大，以防压碎磨石，以手把持工件不十分费力为宜，同时使工件朝主轴相反方向慢慢转动。

5. 答：

（1）故障产生的原因

1）缺少润滑。

2）小带轮与大带轮传动平衡情况不佳。

3）主轴与电动机连接的传动带过紧。

4）齿轮啮合间隙不均或齿轮损坏。

5）传动轴承损坏或传动轴弯曲。

（2）故障排除方法

1）涂抹润滑脂，保证每个轴承中润滑脂不超过 3mL。

2）带轮上的动平衡块脱落，重新进行动平衡。

3）调整电动机座，使传动带松紧度合适。

4）调整齿轮啮合间隙或更换新齿轮。

5）修复或更换轴承，校直传动轴。

6. 答：技术报告的主要内容包括立项依据、目的和意义；国内外同类研究现状及比较；研究中所取得的创新点（成果）；新技术的推广应用情况及应用前景。